TÉCNICAS DE ESTUDIO PARA FLOJOS

Hacks y Tips para Aprender más Rápido, en Menos Tiempo

ALFREDO GAONA

© **Copyright 2022 – Alfredo Gaona - Todos los derechos reservados.**

Este documento está orientado a proporcionar información exacta y confiable con respecto al tema tratado. La publicación se vende con la idea de que el editor no tiene la obligación de prestar servicios oficialmente autorizados o de otro modo calificados. Si es necesario un consejo legal o profesional, se debe consultar con un individuo practicado en la profesión.

- Tomado de una Declaración de Principios que fue aceptada y aprobada por unanimidad por un Comité del Colegio de Abogados de Estados Unidos y un Comité de Editores y Asociaciones.

De ninguna manera es legal reproducir, duplicar o transmitir cualquier parte de este documento en forma electrónica o impresa. La grabación de esta publicación está estrictamente prohibida y no se permite el almacenamiento de este documento a menos que cuente con el permiso por escrito del editor. Todos los derechos reservados.

La información provista en este documento es considerada veraz y coherente, en el sentido de que cualquier responsabilidad, en términos de falta de atención o de otro tipo, por el uso o abuso de cualquier política, proceso o dirección contenida en el mismo, es responsabilidad absoluta y exclusiva del lector receptor. Bajo ninguna circunstancia se responsabilizará legalmente al editor por cualquier reparación, daño o pérdida monetaria como consecuencia de la información contenida en este documento, ya sea directa o indirectamente.

Los autores respectivos poseen todos los derechos de autor que no pertenecen al editor.

La información contenida en este documento se ofrece únicamente con fines informativos, y es universal como tal. La presentación de la información se realiza sin contrato y sin ningún tipo de garantía endosada.

El uso de marcas comerciales en este documento carece de consentimiento, y la publicación de la marca comercial no tiene ni el permiso ni el respaldo del propietario de la misma. Todas las marcas comerciales dentro de este libro se usan solo para fines de aclaración y pertenecen a sus propietarios, quienes no están relacionados con este documento.

Índice

Introducción — vii

1. Condiciones Para Aprender — 1
2. Retención De La Memoria — 31
3. Técnicas Para El Aprendizaje Activo — 65
4. Haz Que El Aprendizaje Sea Secundario — 91
5. Enseñando Para Aprender — 129

Conclusión — 165

Introducción

Estudiar no fue fácil para mí, lo que explica el bajo rendimiento desde el jardín de infantes hasta el último grado de la preparatorio y durante toda la universidad.

Incluso mis padres instintivamente parecían saber lo difícil que era para mí estudiar, cuando comenzaron a hablarme sobre "la calle" y lo bueno que era con mis manos. Supongo que era solo para que pudieran encontrar algo por lo que felicitarme, porque no tuvieron la oportunidad de hacer eso con mis calificaciones.

Nunca fue algo contra lo que luchara o por lo que me sintiera mal como lo harían otros niños. Supongo que algunos podrían haber visto a otras personas como los primeros de su clase y se sintieron frustrados y celosos. Yo solo sentía que todos tenían algo con lo que contribuir a su propio modo y que las notas no eran necesariamente una medida valiosa para mi.

Lo sé, eso es muy poco perspicaz para un niño. Pero, de muchas maneras, también estaba increíblemente desorientado.

Resulta que estaba en lo correcto sobre que las notas no son importantes. La vida es parcialmente sobre quién conoces, pero una vez que llegas allí, comienza a convertirse en una meritocracia. El concepto de aprendizaje, la habilidad para entender, recordar y usar conocimiento nuevo...

Bueno, eso es algo que realmente comienza a importar y puede hacer toda la diferencia en tu carrera, relaciones y felicidad.

De hecho, se vuelve la columna vertebral de donde terminas, aunque podría darte un empujón donde comienzas.

Si puedes aprender rápidamente, puedes implementar efectivamente lo que predicas antes de que alguien se dé cuenta de que has estado fanfarroneando todo este tiempo. Puede que descubras oportunidades que nunca hubieras visto si te hubieras quedado con algo. Y normalmente tienes la capacidad de dirigir tu vida en la dirección que quieras, porque tu capacidad de aprender es el único obstáculo para empezar.

Esto nunca fue más aparente para mí que en mi primer trabajo. Tenía a un compañero de trabajo llamado Andrés y comencé un par de semanas antes que él. Pronto se volvió evidente que mintió en su currículo y amañó su camino a la entrevista porque no tenía idea de cuáles eran sus responsabilidades o cómo usar el software base de la industria que todos debíamos manejar bien.

Al principio yo estaba molesto y quería que se hiciera justicia.

Pero, luego pasó algo gracioso; él aprendía increíblemente rápido. Tenía notas en unos papelitos por todo su escritorio, tenía cuadernos llenos de notas, y siempre parecía estar escribiendo instrucciones de tres pasos para él mismo.

Era increíble verlo dirigirse él mismo hacia el aprendizaje y en meses se estaba desenvolviendo a mi propio nivel de habilidad en todo lo que le faltaba antes.

Claro, puede que haya amañado su forma de entrada, pero en este punto, no había una diferencia práctica entre él y yo. Él había aprendido cómo hacer nuestro trabajo en tiempo récord y se mantuvo en la compañía por años luego de eso. Puedes llamarle a esto una epifanía aleccionadora sobre cómo pensaba en los procesos y el valor del aprendizaje.

Procesos: no puede ser tan difícil, y debe haber sistemas comprobados que las personas usan para aprender mejor. Después de todo, todos los niños que tenían mejores notas que yo no eran definitivamente más inteligentes ¿cierto?

Valor: vaya, aprender puede abrir muchísimas puertas. No tenía idea. Aplica a mucho más que el trabajo, probablemente aplica también para mis hobbies y vida diaria. Aprender me llevará a donde quiero estar.

Entonces, ¿qué es exactamente el aprendizaje (una definición no técnica)? Aprender es cómo creas la vida que quieres.

Aprender es la única manera de crear una mejor versión de ti mismo. Aprender es una de las habilidades más fundamentales que puedes poseer porque, si no la tienes, ¿cómo cambiará o mejorará tu existencia? Bienvenido al aprendizaje acelerado, donde finalmente aprenderás a aprender.

1

Condiciones Para Aprender

¿CÓMO APRENDEMOS?

Esta pregunta suena simple, pero décadas de literatura científica tienden a estar en desacuerdo con este punto de vista.

Simplemente podemos pensar en el aprendizaje como una actividad que comenzamos de niños sin preparación previa.

Durante nuestros años escolares, hemos recibido un flujo constante de información y experiencia. Y en entornos más tradicionales, los maestros miden qué tan bien aprendemos por cómo se les repite la información. No tenemos elección en este asunto y simplemente jugamos con lo que se nos presenta.

Esta acumulación y regulación de datos casi sugiere que aprender es un proceso automatizado que solo podemos monitorear, no controlar. La verdad es que existen factores, limitaciones y condiciones que afectan nuestra habilidad para aprender. Entender estos elementos puede ayudar a evitar errores y acelerar tu aprendizaje. Este libro usa principios y métodos científicos que te ayudarán de una manera que funcione mejor para ti.

Todas las actividades mentales, incluido el aprendizaje, están influenciadas por factores y condiciones tanto internos como externos. Podemos controlar algunos factores; otros tenemos que superarlos o descubrir cómo manejarlos. Este primer capítulo analiza los principios científicos que rigen nuestra capacidad de aprender y algunas de las mejores prácticas que podemos utilizar para avanzar en nuestro aprendizaje. En otras palabras, debemos crear las condiciones para el aprendizaje; De lo contrario, nos estamos saboteando a nosotros mismos.

. . .

No tratarías de aprender a esquiar en un desierto, ¿o sí?

El período de atención humana

Una de las primeras condiciones para aprender que debes tomar en cuenta es el período de atención. Desde el 2006, el grupo sin ánimo de lucro universalmente conocido como TED (tecnología, entretenimiento y diseño), ha producido una serie de videos en línea que presentan a oradores y líderes influyentes de todos los ámbitos del negocio y la vida. Las charlas se han vuelto una fuente vital para compartir ideas y propagar la inspiración.

Una gran clave para el éxito de las charlas es su brevedad: todas se limitan a 18 minutos. El curador explicó que "son lo suficientemente largas para ser serias y lo suficientemente cortas para capturar la atención de las personas... al obligar a los oradores que están acostumbrados a seguir por 45 minutos a que lo reduzcan a 18, los pones a pensar en serio sobre qué quieren decir. ¿Cuál es el punto clave que quieren comunicar?"

La aplastante mayoría de las películas de Hollywood tienen una duración no mayor a 150 minutos; en el 2016, la mitad de ellas tuvo una duración de dos horas o menos. Las películas son más fáciles de apreciar porque son esencialmente pasivas: con la parte visual ya preparada, no tenemos que usar la energía extra del cerebro para imaginarla. Las charlas, por otro lado, son más activas, participativas y densas, con pocos estimulantes visuales más allá de la persona moviéndose de un lado a otro en el escenario. Deben ser más cortas. Aquí no hay accidentes, estas estipulaciones son todas intencionales para meditar el período de atención humana y para que sean lo más impactante posible.

Pero las discusiones y las películas consumen energía cerebral, aunque en diversos grados. En algún momento, el cerebro se cansa y necesita un descanso para recargarse, ya sea por distracción o relajación. Ya sea una lección de una hora o una película de tres horas, la fatiga mental comienza al final.

Los estudios han sugerido que el período de atención de un adulto saludable es, en promedio, de 15 minutos.

Otros estudios afirman que nuestro período de atención inmediata, un solo bloque de concentración, ha caído a un promedio de 8.25 segundos. Eso es menos que el período de atención de un pez dorado, el cual ha demostrado ser capaz de mantener un enfoque por unos casi eternos 9 segundos.

Cuando pensamos en el aprendizaje, no podemos dejar de pensar en la atención y la memoria. No puedes aprender mucho a menos que le prestes atención; Por lo tanto, gran parte de la investigación en el campo del aprendizaje y la retención se centra en el aspecto temporal.

Entonces, ¿por cuánto tiempo puedes concentrarte? ¿Cuál es el tiempo óptimo para estructurar una sesión de estudio, por ejemplo la presidenta del Centro para el Éxito Académico de la Universidad de Luisiana, sugiere que entre 30 y 50 minutos es la duración ideal para un material de aprendizaje. "Cualquier cosa que esté por debajo de los 30 minutos no es suficiente", dice ella, "pero, cualquier cosa más allá de los 50 minutos es demasiada información para que tu cerebro asimile de una sola vez". Luego de la completación de una sesión, debes tomar un descanso de cinco a diez minutos antes de comenzar otra.

. . .

Alrededor de 1950, unos investigadores, descubrieron que el cuerpo humano generalmente opera en ciclos de 90 minutos, esté despierto o dormido. Este patrón es llamado el "ritmo ultradiano". El comienzo de cada ciclo está definido como un período de "agitación" que aumenta hasta un período central de alto desempeño antes de desacelerar finalmente en un período de "estrés".

Entender cómo funciona el ciclo de ritmo de 90 minutos en el contexto de un ritmo mayor a 24 horas, "el ritmo circadiano", nos puede ayudar a predecir cómo funcionaremos en el transcurso del día y cómo podemos planificar de acuerdo a los picos de desempeño.

Todos estos ejemplos y estudios apuntan a una estrategia clave para mejorar nuestro aprendizaje: traducirlo en períodos de tiempo más pequeños, porque mucha información no nos llega. Cuando aprendes a trabajar dentro de tus propias capacidades y límites internos, no solo aprendes mejor, sino que también evitas gastar tanta energía, tiempo y esfuerzo que hubieran evitado que te acercarás a tus objetivos.

Aprendiendo en lapsos de tiempo cortos

. . .

Cuando entrenas los músculos de tu cuerpo, pones una carga sobre ellos y los enciendes; se someten a diminutas y microscópicas rasgaduras y daños a nivel celular, pero luego, cuando se reparan, son mucho más fuertes de lo que eran antes. El cerebro no es un músculo, pero podemos pensar en la atención como un músculo que se puede ejercitar; Tenemos que ajustar nuestra velocidad. El sobre entrenamiento solo nos cansa, pero la combinación con tiempo para descansar en realidad nos hace más fuertes.

Al segmentar nuestras actividades de aprendizaje de acuerdo a bloques de tiempo, le damos a nuestro cerebro suficiente tiempo para que descanse y recupere energía y nos permite retener más información en períodos de tiempo más largos. Por esto es una buena idea comenzar una nueva rutina de aprendizaje simplemente al establecer un cronograma.

Planificación a largo plazo. Al inicio del semestre, curso en línea o proyecto de investigación, segmenta tu cronograma en bloques y establece un régimen de estudio. Puedes hacer esto fácilmente con un programa de calendario en línea gratuito desde virtualmente todos los proveedores de Internet o con un calendario de papel o sobre una pizarra.

. . .

Ten en cuenta los momentos del día en los que tiendes a realizar la mayoría de las tareas. Algunos de nosotros hoy comenzamos en modo de alto rendimiento, otros somos búhos clásicos. Solo asegúrate de dejar suficiente tiempo para dormir y comer. De hecho, existe una base científica para el hecho de ser más productivos por la noche y en la mañana, resumido por los términos "alondras madrugadoras" o "búhos nocturnos".

Si ya ajustas tu mente y cuerpo, puedes obtener un horario un poco más preciso aplicando un ciclo de 90 minutos a tu horario. Por ejemplo, los bloques de 90 minutos son descansos y fatiga. Requiere más reflexión y un seguimiento cuidadoso, pero si puedes reducirlo a un punto más preciso en el tiempo cuando tu rendimiento está en su punto máximo, puedes ajustar tu horario de estudio. Te entrena más.

Bloques de aprendizaje. Puedes adaptar la sesión de estudio de 30 a 50 minutos como dicta el estudio de la Universidad de Luisiana para tus propios objetivos.

Recuerda que 30 minutos son suficientes para hacer que la sesión de estudio sea considerable y que ir más allá de los 50 minutos pone una presión injustificada en tu cerebro. Así que, dentro de tus bloques de tiempo semanal, asegúrate de programar un receso luego del tiempo de aprendizaje fundamental.

Nuevamente, apégate a lo que sabes que tu sistema puede manejar; pueden ser 50 minutos con un descanso de 10 minutos o 45 minutos con un descanso de 15 minutos. El tiempo de estudio se puede reducir a 30 minutos si es necesario. Puedes usar el reconocido reloj Pomodoro, el cuál es comúnmente usado para la productividad laboral; 25 minutos de actividad seguidos de 5 minutos de una separación completa de esa actividad. La cantidad específica de tiempo no está establecida en piedra; sea cual sea, solo debe ser un marco de tiempo lo suficientemente sencillo para que te apegues a él de manera regular.

Solo pregúntate a ti mismo cómo podrías satisfacer el período de atención de un pez dorado o incluso de un niño. Nuestras mentes adultas no son tan diferentes cómo pensamos.

Conceptos antes de hechos, entendiendo antes de memorizar

. . .

Un investigador y psicólogo educativo sueco, descubrió en 1970 que tendemos a ver el acto de aprender de diversas maneras, pero en general se reducen a dos categorías aproximadas: el aprendizaje superficial y el aprendizaje profundo.

El aprendizaje superficial se relaciona con conseguir conocimiento, hechos y la memorización; el aprendizaje profundo se refiere al sentido abstracto y a entender la realidad. Estaremos volviendo a esta diferencia a lo largo de este libro, a medida que exploramos diferentes enfoques y técnicas de aprendizaje.

El uso de las palabras "superficial" y "profundo" podría simplemente implicar que el último es mejor que el primero en cualquier situación, pero eso no siempre es cierto. Algunos temas deben aprenderse a través de la memorización en lugar de seguir buscando el "significado" o contextualizando estos conceptos. De hecho, tu cerebro utiliza ambos procesos de forma natural. Si te diera una lista de 30 elementos aleatorios y te pidiera que los memorizaras, no sería útil buscar en tu mente tratando de encontrar patrones o relaciones entre cada elemento. Sería una pérdida de tiempo cuando la tarea es solo memorizar información.

. . .

La mayoría de las veces, la memorización sirve para aislar hechos en lugar de vincularlos. Establece hechos como piezas independientes de información y no tiene contexto ni relación sólida con el contexto más amplio e incierto de lo que ha aprendido. A veces eso está bien, pero el resultado es que lo que aprendes proviene de tu memoria a corto plazo muy fácilmente.

La mayoría de las cosas que se pueden aprender tienen algún patrón; Ya sea un patrón claro u oculto. Estos estilos suelen ser los que más te interesan académicamente. Honestamente, sin estos modelos, lo que aprendas no será útil.

Los modelos hacen que los conceptos sean útiles. Sin él, los datos relevantes serían demasiado limitados o temporales y, por lo tanto, no sería importante estudiarlos en primer lugar.

Después de todo, esta es la manera exacta en la que el cerebro humano ha evolucionado durante miles de años; solo los datos que son significativos y relevantes para la supervivencia serán absorbidos, retenidos y comprendidos.

. . .

Un curso de estudio típico contiene una mezcla de grandes ideas con un par de detalles. En ese entorno, siempre es mejor comenzar con las grandes ideas; los conceptos dominantes que enlazan los pequeños detalles.

La razón principal es que muchos pequeños detalles adoptan una calidad aleatoria al inicio, pero cuando se ven a través de los lentes de un concepto más amplio, encajan y forman un contexto. Eso hace que sea más fácil para el cerebro reconocer y recordar. Lo que estás haciendo esencialmente es presentando un mapa de toda el área conceptual, para que así puedas navegar mejor un camino a través de él sin perderte.

De hecho, a menudo puedes privarte de mucha memorización porque los conceptos en sí frecuentemente sirven para explicar los hechos. En lugar de tratar de memorizar por medios de repetición, seguir el concepto hasta su conclusión revelará los hechos a medida que te aproximas a los títulos; es una progresión lógica. Si entiendes los principios que gobiernan algo, los hechos siguen de manera orgánica.

De esta manera, el entendimiento y la comprensión profunda siempre otorgarán una mejor calidad de aprendizaje que simplemente memorizar los detalles superficiales sin siquiera conectarlos entre sí.

Por ejemplo, si estuvieses estudiando la historia de los derechos Miranda en los Estados Unidos, podrías memorizar todas las personas clave: los jueces de la Corte Suprema, los abogados y los nombres de los demandantes y demandados. Podrías memorizar las fechas en el caso. Podrías memorizar el conteo de votos de todas las cortes involucradas en la demanda y las apelaciones. Podrías memorizar los nombres de los casos que siguieron. Podrías incluso escribir los conceptos de los derechos Miranda ("tiene derecho a permanecer en silencio", etc.).

Suena un poco aburrido, ¿no?

Ninguno de esos hechos tendría relevancia por sí solo, y no tendríamos razón alguna para guardarlos en la memoria. (De hecho, estoy seguro de que ya has olvidado alguno de ellos, ¡a pesar de que los acabas de leer!). Enfatizar los conceptos más grandes en torno a los derechos Miranda de los defendidos, los procedimientos policíacos, o casos de referencia de la Corte Suprema, ayudan a canalizar los hechos a medida que surgen.

. . .

Una narrativa más amplia ayuda a contextualizar estos hechos y hace que signifiquen algo. En este contexto, es más probable que el cerebro retenga la información que de hecho necesita saber sobre el tema.

Esencialmente serías capaz de predecir los hechos con un nivel razonable de precisión una vez que entiendes los conceptos subyacentes y cómo interactúan. Ciertamente, podrías no haber "memorizado" cierta información, pero cuando es necesario, puedes trabajar lógicamente tu paso a través de la pregunta y llegar a la misma respuesta como si lo hubieses memorizado.

Esto se llama aprendizaje de conceptos. Nos muestra cómo clasificar y diferenciar puntos en función de ciertos atributos importantes. Implica memorizar un patrón e incorporar nuevos ejemplos e ideas. En lugar de ser una técnica de memorización mecánica engorrosa, el concepto de aprendizaje es algo que se puede construir y nutrir.

Usando el aprendizaje de conceptos en la vida diaria. Aplicar el método del concepto al aprendizaje y desarrollar nuevas habilidades, incluso fuera del salón de clases o el entorno de estudio, puede ayudar a obtener nuevos significados y, por extensión lógica, incluso mejorar cómo realizamos ciertas tareas o trabajos.

Cocinar es un ejemplo sencillo. La práctica estándar es que aprender una nueva receta implica seguir una lista de ingredientes y un conjunto de instrucciones. Si estás haciendo una salsa de tomates, puedes buscar una receta popular en Internet y tenerla cerca mientras la preparas. Puedes repetir este ejercicio tanto como quieras, y es probable que eventualmente te sepas los pasos lo suficientemente bien para repetir la receta sin una guía.

Pero, entender el punto de cada paso no es algo que llegue a través de las instrucciones. Generalmente no te dicen por qué sofries cebollas y ajo primero, por qué esperas que la salsa hierva o por qué dejas que se reduzca por un rato. Entender que sofreír las cebollas y ajo crea un sabor base, que al hervir la salsa distribuye los ingredientes, y reducirla une los sabores te da un mejor entendimiento sobre el proceso de tu preparación.

Lo más importante es que comprender estos conceptos facilita el aprendizaje de técnicas y su uso en platos muy diferentes: sopas, salsas picantes, salsas espesas e incluso caldos básicos. Si se da un paso más, conocer los detalles del proceso científico exacto puede abrir la puerta a la preparación de comidas no líquidas completamente diferentes; en otras palabras, cualquier comida que puedas imaginar. Si solo conoces los sabores que tienden a entrar en conflicto y cuáles se complementan entre sí, estará un paso por delante de mí en la memorización de las recetas del chef.

También puedes adaptarte y ajustar si las cosas no salen según lo planeado; como entiendes por qué hay ciertos pasos, puedes pensar en alternativas si es necesario, usando la creatividad o resolviendo un problema. Te conviertes en una de esas personas que no necesitan recetas porque sabes que además de leer una receta, entiendes lo que significa hacer una gran comida.

Este patrón es furtivamente fácil de copiar. Un dueño de una empresa pequeña calculando el presupuesto de impuestos está mejor preparado si conoce los conceptos de impuestos y cómo son distribuidos.

Un músico que entiende cómo funciona el ritmo en el contexto de una canción sabe mejor cómo programar una batería electrónica. Un jugador de ajedrez consigue un mayor provecho al comprender las diferencias entre las estrategias en general en lugar de aprender cómo se mueve cada pieza. Incluso el lavandero comete menos errores y arruina menos piezas de ropa al aprender cómo el agua fría y caliente afecta los colores de diversas maneras. Entiendes la idea.

De hecho, ciertos tipos de educación y formas de aprendizaje son tan generales y transferibles que podrías ser diestro en una habilidad con la que nunca te habías encontrado antes, simplemente porque sabes cómo aprender. Puedes aprender lo básico de cualquier tarea e incluso realizarla adecuadamente un par de veces. Pero, saber los principios e ideas que la unen es una manera más efectiva de retener esos hechos y habilidades. Cuando llegue la hora de aprender algo nuevo, podrías muy bien ser capaz de enmarcar ese nuevo conocimiento con conceptos que ya has dominado.

Aprender de manera heurística es muy similar al acto de aprender conceptos. La heurística describe un patrón de pensamiento o comportamiento que organiza categorías de información y la relación entre ellas. Toma nuestras nociones o ideas preconcebidas del mundo y las usa como un medio para interpretar y clasificar nueva información.

. . .

Por ejemplo, existen maneras en las que podrías actuar en una fiesta de cumpleaños que no aplicarías en un funeral (y viceversa obviamente). Los códigos que sigues para cómo manejarías y cómo te comportarías en cada situación, y cualquier otra ocasión, están ordenados dentro de una heurística. Establecer y entender las reglas heurísticas para lo que sea que estés por aprender siempre es útil.

Otra gran manera de aprender conceptos es con la técnica de Feynman, la cual discutiremos luego en otro capítulo.

Busca frustrarte (sí, en serio)

En situaciones competitivas, atamos los logros al éxito: ganar, resultados positivos y encontrar soluciones. Pero, al aprender, un componente clave en los logros es fracasar. Es contraintuitivo, pero aceptar el tipo correcto de fracaso puede ser uno de los elementos clave para llevar tu aprendizaje al siguiente nivel.

El "fracaso productivo" es una idea identificada por un investigador del Instituto Nacional de Educación de

Singapur. La filosofía se basa en la paradoja del aprendizaje, donde no llegar al efecto deseado es tan valioso como prevalecer, si no más.

Este investigador decía que el modelo aceptado para inculcar el conocimiento, dándole a los estudiantes una estructura y guía al inicio y continuar el apoyo hasta que los estudiantes puedan conseguirla por cuenta propia, podría no ser la mejor manera de fomentar el aprendizaje. Aunque ese modelo tiene sentido intuitivamente, de acuerdo con él es mejor dejar que los estudiantes avancen a trompicones sin ayuda exterior.

También llevó a cabo una prueba con dos grupos de estudiantes. En un grupo, a los estudiantes se les dio un conjunto de problemas con "andamios", un apoyo completamente instructivo de los profesores en el sitio. Al segundo grupo se les dio los mismos problemas, pero no recibieron un profesor que los ayudara ni nada por el estilo. En lugar de eso, el segundo grupo de estudiantes tenía que colaborar para encontrar soluciones.

El grupo con "andamios" fue capaz de resolver los problemas correctamente, mientras que el grupo que estaba por su cuenta no. Pero, sin el apoyo instructivo, este segundo grupo fue obligado a sumergirse más en los conceptos al trabajar en conjunto. Generaron ideas sobre la naturaleza de los problemas y especularon sobre cómo serían las posibles soluciones. Trataron de entender la raíz de los problemas y qué métodos estaban disponibles para resolverlos.

Los dos equipos fueron entonces probados sobre lo que acababan de aprender y los resultados ni siquiera se acercaban.

El grupo sin la asistencia de profesores superó con creces al otro grupo. El grupo que no resolvió los problemas descubrió que Kapur consideró una "eficacia oculta" en el fracaso: promovieron un entendimiento más profundo de la estructura de los problemas a través de la investigación y proceso grupal.

Es posible que el segundo grupo no haya resuelto el problema, pero han aprendido aspectos del problema y las ideas detrás de él.

En el futuro, cuando estos estudiantes encuentren un nuevo problema en otra prueba, podrán usar el conocimiento que adquirieron a través de la prueba de manera más efectiva que aquellos que no lo hicieron. Recibir pasivamente la experiencia del profesor.

Consecuentemente, afirmó que las partes importantes del proceso del segundo grupo eran los lapsus, errores y la torpeza. Cuando ese grupo hizo un esfuerzo activo para aprender, retuvo más información necesaria para futuros problemas.

Tres condiciones que hacen que el fracaso productivo sea un proceso efectivo:

- Escoge problemas que "reten pero que no frustren".
- Dale a los aprendices la oportunidad de explicar y elaborar sus procesos.
- Permite a los aprendices comparar y contrastar las soluciones buenas y malas.

Tener dificultades con algo es una condición definida que lleva al aprendizaje, aunque requiere disciplina y un sentido de gratificación postergado.

. . .

¿Ayudar a un niño a... fracasar?

La noción del fracaso productivo también puede verse en estrategias para la crianza de niños. ¿Hacer que nuestros niños fracasen intencionalmente de hecho hace que el aprendizaje sea más fácil para ellos?

Una profesora de la Universidad de Tecnología de Queensland, menciona que la "sobre crianza" podría mantener a nuestros hijos seguros y apoyados, pero podría impedir sus procesos de crecimiento. Esta profesora observó que los hijos criados en un estado de impotencia estaban destinados a una edad adulta cargada de ansiedad. Los padres que son demasiado sensibles a las necesidades de sus hijos limitan la capacidad de sus hijos para resolver problemas por sí mismos y les dificultan desarrollar las emociones necesarias para superar reveses y fracasos en el futuro.

De cierto modo, nos "sobrecriamos" a nosotros mismos. Nos presionamos para no fracasar, trabajar demasiado duro para lograr el resultado deseado y nos frustramos cuando nos estancamos o quedamos cortos. ¿Cómo podemos, por así decirlo, hacer que el fracaso funcione para nosotros?

. . .

Pon tu cerebro en el modo "crecimiento". Cuando pensamos que tenemos todo lo que necesitamos para obtener lo que queremos, nos decepcionamos cuando nuestras operaciones salen mal. Esto se debe a que creemos que nuestras capacidades están predeterminadas; si no podemos tener éxito de acuerdo con lo que ya sabemos o podemos hacer, nunca lo lograremos. Hace que nuestras frustraciones sean más profundas y corrosivas.

Así que al inicio de un proyecto que parece extraño, debemos decirle a nuestro cerebro que estamos en el modo aprendizaje.

Necesitamos especificar que una de nuestras lecciones clave será el nuevo conocimiento, no solo los resultados del éxito inmediato. Establece tus expectativas para que el aprendizaje no sea menos importante que los resultados; más importante de ser posible.

Documenta tu proceso. Las compañías usan los "rastros de papel" (literal o digitalmente) para determinar puntos o sucesos que alteraron un resultado. Cuando estás hasta el cuello en un nuevo proyecto, mantener tu propio rastro te ayudará a conseguir un nuevo conocimiento y a refinar tus procesos para futuros esfuerzos.

Además de las herramientas que utiliza en el proyecto, mantén un diario de lo que descubras en el camino. Configura este diario como quieras, ya sea en tu computadora portátil, procesador de textos, software, la grabadora de voz de tu teléfono inteligente o lo que quieras. Registra tu progreso como si el chef estuviera escribiendo los pasos de una receta o como un detective discutiendo evidencia en una investigación.

Estas notas pueden ser el núcleo del conocimiento que te será útil en situaciones futuras, incluso si lo que estás usando ahora termina fallando. Las ideas que generan parecen pequeñas, especialmente si no funcionan. Pero cuando usamos esta naturaleza para resolver problemas, su valor aumenta. Es posible que no notes las contribuciones diarias, pero al comparar semanas o meses, la diferencia puede ser sorprendente.

Usa tus fracasos para planear los siguientes pasos. Si has documentado tu progreso y diagnosticado donde algo salió mal, entonces convierte esas evaluaciones en planes apartados de tu proyecto.

. . .

Por ejemplo, digamos que estás plantando un jardín vegetal por primera vez, anotando los pasos y técnicas que usas en el camino y, cuando es hora de cosechar, algunas plantas no salieron de la manera en la que debían hacerlo. ¿Fue porque usaste la tierra que no era? Usa tus recursos para descubrir por qué esa tierra no era la idónea y cómo debería ser realmente.

¿La planta en cuestión estaba muy cerca de otra? Aprende técnicas para maximizar el posicionamiento dentro de un espacio pequeño.

O una situación ligeramente más común, digamos que tus resultados de ventas quedaron cortos de proyecciones. Si encontraste un error que llevó a un costo sobrestimado, ubica información en línea sobre cómo preparar tus hojas de trabajo para evitar esos errores. Si tu "juego" de ventas estaba desviado, busca talleres que ayuden a mejorar tu discurso o a incrementar tus habilidades interpersonales para con clientes.

. . .

Si simplemente no tuviste suficientes clientes, aprende cómo hacer que tu red profesional sea más amplia y más potente.

Espera la frustración, pero no sucumbas a ella.
Lo más probable es que encuentres uno o dos puntos de falla en tu proceso, así como la tentación de darte por vencido. Puedes sentir esto antes de comenzar, lo que puedes generar una ansiedad terrible que lo puedes llevar a deshacer tu trabajo.

Anticipar la frustración es solo una buena planificación, pero también tienes que planear cómo lidiar con ella. Describe una idea de cómo deshacerte de la frustración cuando surja. La mayoría de las veces, será cuestión de pausar la situación para recargar energías y solucionar el problema temporalmente. A menudo, una simple acción de parada permite que entre la objetividad, lo que le permite ver las obstrucciones con mayor claridad. Pero de cualquier manera, aliviará cualquier ansiedad inmediata que sienta y le dará la oportunidad de abordar el asunto desde un ángulo más relajado.

¿Por qué nos molestamos en abordar las precondiciones del aprendizaje efectivo? Porque muchas personas se meten de lleno en el aprendizaje sin entender lo que funciona en un nivel psicológico e incluso físico. Muchos otros piensan que el apren dizaje efectivo es medido por el número de horas dedicadas a una tarea, pero todos tenemos nuestras limitaciones y trabajar dentro de esos límites simplemente acelerará tu aprendizaje. No puedes trabajar más que tu período de atención o compromiso a la memorización.

Enseñanzas

- El aprendizaje acelerado significa trabajar con los mecanismos integrados y preexistentes que todos tenemos. Cuando trabajamos con nuestras mentes, en lugar de contra ellas, podemos aprovechar al máximo nuestra experiencia de aprendizaje y disfrutar más aprendiendo.
- Es un hecho ineludible que el alcance de la atención humana es limitado. Necesitamos respetar los límites de nuestra atención y planear aprender alrededor de ellos. Esto significa digerir la nueva información en piezas más pequeñas y manejables.
- Una buena duración para cualquier período de aprendizaje es más de 30 minutos y menos

de 50. Si es demasiado corto no podrás conseguir profundidad alguna mientras que si es demasiado largo tus poderes cognitivos comenzarán a cansarse.

- Para usar tu tiempo sabiamente, planea por adelantado y designa tiempo en tu cronograma para bloques de aprendizaje específicos.
- Usa el aprendizaje conceptual para guiarte: mientras aprendes, prioriza la percepción y la comprensión sobre la memorización. Esto significa que el concepto precede a la realidad. Cuando tienes un aprecio profundo, en lugar de superficial, por la información, contextualizas nuevas ideas y las haces más fáciles de recordar y aplicar.
- Participa deliberadamente en el fracaso productivo. Acepta que el fracaso puede de hecho ser una fuente de información valiosa, si se acepta correctamente.
- Desafíate a ti mismo sin frustrarte y asegúrate de que cuando trabajes (y fracases) te das la oportunidad de ver de cerca por qué pasó lo que pasó. Pregúntate a ti mismo por qué fallaste y piensa sobre cómo pudiste haberlo hecho mejor.
- Cultiva una mentalidad de crecimiento, donde pones el ego a un lado y asumes que aprender

es incómodo a veces. El fracaso es una parte del aprendizaje, así que acéptalo cuando pase. Usa tu fracaso para inspirarte a hacer nuevos planes para seguir adelante y dale forma a tus siguientes pasos.
- "Espera la frustración, pero no su cumbas a ella". Con la mentalidad correcta, el "fracaso" es algo que te acerca más al éxito, no te aleja de él.

2

Retención De La Memoria

La memoria, por supuesto, está fuertemente relacionada con el aprendizaje. ¡Las personas rara vez pueden decir que han aprendido algo si no recuerdan nada de ello! Es por eso que muchísimas técnicas y métodos en torno al aprendizaje se enfocan en recordar. Sin embargo, como con otros aspectos de nuestra cognición, podemos mejorar drásticamente nuestra memoria si tomamos el tiempo para entender su función óptima y cómo podemos ayudarla para un mejor aprendizaje.

Si la memoria es un sistema de almacenamiento ubicado en una vía neuronal particular, entonces el aprendizaje implica modificar las vías neuronales para regular el comportamiento y el pensamiento de un individuo cuando surge nueva información. Tienen una dependencia del código porque el propósito del aprendizaje es absorber nuevos conocimientos en la memoria, y la memoria es inútil sin la capacidad de aprender más.

Existen muchas técnicas para la memoria, pero todas funcionan en sí sobre los contenidos de este capítulo.

La memorización es cómo almacenamos y recuperamos información para usarla (el proceso de aprendizaje esencialmente) y existen tres pasos para crear un recuerdo. Un error en cualquiera de estos pasos resultará en un conocimiento que no es convertido de manera efectiva para la memoria; un recuerdo débil o el sentimiento de "no puedo recordar su nombre, pero llevaba algo púrpura...".

1. Codificación
2. Almacenamiento
3. Recuperación

La codificación es el paso de procesar la información a través de tus sentidos. Hacemos esto constantemente y lo estás haciendo en este momento. Nosotros codificamos información tanto de manera consciente como inconsciente a través de todos nuestros sentidos. Si estás leyendo un libro, estás usando tus ojos para codificar información, pero ¿cuánta atención y concentración le estás dando realmente? Mientras más atención y concentración de diques a una actividad, más consciente se vuelve tu codificación; de otra manera, puede decirse que codificas información inconscientemente, como al escuchar música en un café o ver el tráfico pasar cerca mientras el semáforo está en rojo.

Muchas personas creen erróneamente que tienen "mala memoria" cuando, más precisamente, es una preocupación. Tal persona puede olvidar el nombre de la persona que acabas de conocer, no porque tengas mala memoria, sino simplemente porque no prestas atención cuando se presentaron. Pero recuerdas con gran detalle al maravilloso perro que guiaba a su dueño en ese momento.

El nivel de concentración y atención que dediques también determina lo sólido que es el recuerdo y, consecuentemente, si ese recuerdo solo llega a tu memoria de corto plazo o si pasa por la puerta hasta tu memoria de largo plazo. Si estás leyendo un libro mientras ves televisión, probablemente tu codificación no es tan profunda ni sólida. De igual manera, es más posible que recuerdes algo que tiene un fuerte sentido emocional para ti cuando se compara con algo que realmente no te importa más allá del nivel intelectual.

El almacenamiento es el paso luego de que has experimentado la información con tus sentidos y la codificaste. ¿Qué pasa con la información una vez que pasa a través de tus ojos u oídos?

Existen tres opciones para donde puede ir esta información y determinan si es un recuerdo que sabes de manera consciente.

Existen esencialmente tres sistemas de memoria: memoria sensorial, memoria de corto plazo y memoria de largo plazo.

La etapa final de la memorización es el flashback, que es cuando realmente usamos nuestros recuerdos y podemos decir que hemos aprendido algo.

Puede que lo recuerdes inesperadamente, o puede que necesites algunas pistas para recordarlo. Otros recuerdos pueden recordarse secuencialmente o como parte de un todo, como volver a leer el abecedario y luego darse cuenta de que tienes que cantarlo para recordar cómo va.

Sin embargo, la cantidad de atención que presta a las etapas de almacenamiento y cifrado de sus recuerdos es lo que determina qué tan fácil es recuperar esos recuerdos. La mayor parte del proceso de aprendizaje no se enfoca necesariamente en la recuperación, se concentra en el aspecto de almacenamiento y lo que puedes hacer para forzar la sensación de las áreas sensoriales y a corto plazo a las áreas a largo plazo.

Piensa sobre cuando estudias toda la noche para un examen.

Quieres que la información esté en tu cerebro por unas 24 horas quizás, lo que significa que debe existir más allá de la memoria de corto plazo y desde luego más allá de la memoria sensorial. Podría no importarte si recuerdas esta información sobre la revolución francesa al final del año, así que alcanzarás un nivel de atención y concentración que almacene esa información en esa difusa área entre la memoria de corto plazo y la memoria de largo plazo. En realidad, lo que ocurre es que ensayarás la información lo suficiente para dejar una leve marca en tu memoria de largo plazo. Pero, luego de eso, la marca se desvanece muy rápidamente.

. . .

Acelerar el aprendizaje en cierto sentido significa mejorar la memorización y la comprensión; mientras más sea como una esponja, mejor.

También te brinda un control consciente sobre los pasos del proceso que se activan automáticamente de forma natural.Si sabes cómo y por qué tu memoria funciona, ¡puedes sacarle el mayor provecho!

Olvidar

Sin embargo, aprender es tanto un proceso de mejorar la memoria como uno de volverse mejor en no olvidar. ¿Por qué olvidamos? ¿Por qué no podemos recordar este hecho? ¿Cómo dejamos que algo se nos escape de nuestro cerebro?

Como has leído, olvidar es usualmente una falla o defecto en el proceso de almacenamiento; la información que quieres solo llega a la memoria de corto plazo, no a la memoria de largo plazo. El problema no es que no puedes encontrar la información en tu cerebro; es que la información no estaba fuertemente engastada para comenzar. Esto podría haber pasado parcialmente porque nunca consolidaste el recuerdo al evocarlo una y otra vez. Es decir, no fortaleciste esas conexiones neuronales tentativas y tu cerebro, al ver que no era un recuerdo realmente necesario, lo dejó ir.

Algunas veces es más fácil pensar en el proceso de olvidar como una falla en el aprendizaje. Generalmente existen tres maneras diferentes para recuperar o acceder a tus recuerdos:

1. Recordar
2. Reconocer
3. Reaprender

Recordar es cuando accedes a un recuerdo sin señales externas. Es cuando puedes recitar algo sin dudar en un vacío. Por ejemplo, ver un pedazo de papel en blanco y luego escribir las capitales de todos los países del mundo. Cuando puedes recordar algo, tienes un recuerdo fuerte de ese algo. O lo has practicado lo suficiente o le diste la suficiente importancia por lo que se convirtió en un recuerdo increíblemente fuerte dentro de tu memoria de largo plazo. Vas al almacenamiento de tu cerebro, encuentras exactamente lo que estás buscando y lo reproduces totalmente.

. . .

Por supuesto, dado que la memorización es el nivel de memoria más poderoso, también es generalmente el más difícil de acceder. Por lo general, se necesitan horas de práctica o estudio para alcanzar este nivel. Sin embargo, una vez que absorbemos información de esta manera, la ventaja radica en la dificultad de aprender y olvidar. Cuando hacemos una búsqueda, queremos que la información vaya a esa área, pero generalmente tratamos con el siguiente patrón de acceso a la memoria.

Reconocer es cuando puedes conjurar tu recuerdo en presencia de una señal externa. Es cuando podrías no ser capaz de recordar algo sin pista alguna, pero si consigues una pequeña señal o recordatorio, lo recordarás. Por ejemplo, podrías no ser capaz de recordar todas las capitales del mundo, pero si consigues una pista como la primera letra de la capital o algo que rime con ella, sería mucho más fácil corroborarla. Esto "sacude tu memoria" lo suficiente para que sigas adelante una vez comienzas.

Cuando acumulamos información, el reconocimiento es típicamente lo que nos queda. Esta es también la manera en la que funciona la mnemotecnia y otros recursos para recordar. Sabemos que definitivamente no somos capaces de almacenar y recordar tantas piezas de información sin una masiva cantidad de práctica, así que trabajamos en segmentar la información en señales fácilmente reconocibles. Con la señal correcta, somos dirigidos en la dirección correcta y podemos acceder gradualmente a los recuerdos almacenados de manera un poco menos concreta.

Reaprender es indudablemente la forma más débil de recordar.

Ocurre cuando estás reaprendiendo o revisando información y te cuesta menos esfuerzo cada vez. Por ejemplo, si lees una lista de capitales de países el lunes y te toma 30 minutos, debería tomarte 15 minutos al siguiente día y así. Desafortunadamente, aquí es donde estamos principalmente a diario. Podríamos estar familiarizados con un concepto, pero no nos hemos comprometido lo suficiente a la memoria para esencialmente evitar reaprender al verlo nuevamente.

Esto es lo que pasa cuando somos nuevos en un tema o ya hemos olvidado la mayoría del mismo.

. . .

Cuando estás en el nivel de reaprender, esencialmente no has llevado nada de la barrera de la memoria de corto plazo a la memoria de largo plazo.

Desde la perspectiva de tu cerebro, este tipo de información simplemente no es importante, relevante o repetida lo suficiente para asegurar más espacio en tu memoria.

La curva del olvido

No solo estamos luchando contra una débil codificación o almacenamiento en nuestra búsqueda por el aprendizaje, también estamos luchando con la tendencia natural del cerebro a olvidar lo más rápido posible.

Esto es encapsulado por la curva del olvido, un concepto establecido por un psicólogo alemán pionero en la investigación de la memoria.

Esto muestra el ritmo de declive en la memoria y olvido con el tiempo si no hay intento alguno por mover información hacia la memoria de largo plazo. Si lees algo sobre la revolución francesa el lunes, entonces típicamente recordarás solo la mitad luego de cuatro días y retendrás tan poco como un 30% luego de una semana. Si no revisas lo que aprendiste, es bastante probable que solo retengas un 10% de lo que aprendiste sobre la revolución francesa.

Sin embargo, si lo revisas y lo practicas, puedes ver en el gráfico de arriba cómo re tendrás y memorizarás más con el tiempo. Elevarás tu nivel de retención de vuelta al 100% y luego el gráfico se volverá más superficial, indicando menos declive.

Es como si le estuvieras enseñando a tu cerebro "esto es importante". Necesito saber esto constantemente así que recuérdalo".

La meta es hacer que la curva del olvido sea más superficial, hacer que parezca una línea horizontal tanto como sea posible. Eso indicaría un nivel muy bajo de declive y hacer eso requiere una revisión y práctica constantes.

El mismo encontró patrones de pérdida de memoria y aisló dos factores sencillos que afectaban la curva del olvido. Primero, el ritmo de declive era mitigado significativamente si el recuerdo era sólido y poderoso y si tenía un significado personal para la persona. Segundo, la cantidad de tiempo y lo antiguo que era el recuerdo determinaba lo rápido y grave que era su declive.

Esto sugiere que hay muy poco por hacer sobre el olvido más allá de idear tácticas para asignarle un significado personal a la información y practicarla más a menudo.

Como puedes ver, olvidar no es tan sencillo como tener algo en la punta de la lengua o rebuscar en el almacenamiento de tu cerebro. Existen procesos muy específicos que hacen que sea casi un milagro que retengamos tanta información como lo hacemos. Probablemente también te estés dando cuenta que mejorar tu memoria se trata tanto de una buena codificación y atención, como de una práctica y recuerdo apropiados.

Ser capaz de recordar información es siempre la meta, pero de manera más realista, deberíamos aspirar por el reconocimiento y aprender cómo usar con destreza señales y pistas en nuestras vidas diarias. Yo podría no ser capaz de recitar la letra de mis canciones favoritas, pero puedo recordarlas bien si escucho la melodía. Si me vuelvo experto al manejar señales para mí mismo, puedo encontrarles la vuelta a los inevitables límites de mi memoria.

El ciclo de estudio

Otra manera de trabajar con tu cerebro y los mecanismos incorporados de la memoria es usar algo llamado el ciclo de estudio. En lugar de una sola técnica, este enfoque se trata de usar una serie de técnicas en un orden en particular, por una duración en particular, para maximizar el aprendizaje. De hecho, los principios detrás del ciclo de estudio podrían explicar por qué las tácticas como la recuperación de práctica y la repetición espaciada funcionan tan bien.

El ciclo consiste en cinco pasos secuenciales a seguir. Te ayudará a consolidar el material nuevo y, a medida que lo haces, construirás un sentido de confianza en ti mismo más profundo a medida que ganas nuevos conocimientos y construyes sobre cada nuevo desenvolvimiento. El ciclo también es genial para mantenerte organizado y motivado. A menudo, cuando nos sentamos a "estudiar" simplemente, la intención es tan vaga que solo perdemos tiempo y una oportunidad de aprender realmente bien. Pero, con un ciclo estructurado y fluido, sabemos dónde estamos y podemos aplicar los pasos a cualquier cursado que queramos.

Los pasos son: anticipar, atender, revisar, estudiar y evaluar... y luego el ciclo se repite.

El primer paso es anticipar. No solo te metas de lleno; en lugar de eso, comienza a tratar de obtener una visión más amplia de lo que estás haciendo, en qué contexto y por qué. Mira la imagen completa. Cómo se vea esto dependerá de ti y del tema que estés estudiando.

Por ejemplo, si estás leyendo un capítulo importante de un texto, podrías tener que comenzar por echar una ojeada; es decir, leer los títulos y subtítulos principales, escanear cualquier imagen o diagrama con sus títulos, mirar cualquier resumen al final, datos como gráficos y tablas, y secciones en negrita o sacar citas que han sido resaltadas como importantes. De esta manera, preparas y señalas tu aprendizaje.

Si tus estudios están tomando una forma menos tradicional, igual podrías querer comenzar por pasar el material rápidamente para obtener una visión general. Mira una pieza de música y nota el compás, el tempo, la clave, y obtén una idea de la melodía. Si estás pasando por unos artículos de investigación académicos, busca lo abstracto primero y mira ampliamente cuáles eran las preguntas de la investigación, metodología y conclusiones en cada capítulo antes de leer en detalle.

El siguiente paso es atender, es decir, prestar atención.

Crucialmente, la sección de anticipar te ayuda a dirigir hacia dónde se va tu atención (eso es, hacia los conceptos más importantes), pero en el segundo paso, debes aplicar esa atención completamente. Aquí, quieres estar lo más concentrado y consciente posible. No solo te sientes en una conferencia de manera pasiva o mires un video sin tomar notas.

Lee o mira de manera activa. Esto significa que participas con los datos que están entrando. Toma notas, haz preguntas (quién, qué, dónde, cuándo, por qué, cómo) y sostén un "diálogo" con el material. Realiza resúmenes o diagramas y usa tantos sentidos como puedas para codificar esta nueva información. Cuando generas tu propio estudio, ayudas y explicas los conceptos para ti mismo, comprenderás mejor y retendrás más.

Para el tercer paso, revisamos. Así como hemos anticipado, ahora vemos nuevamente y observamos lo que hemos abarcado y qué materiales han sido absorbidos. El simple acto de repasar lo que has abarcado lo refuerza. Al final de tu sesión de estudio, detente y haz una evaluación. Mira nuevamente a través de tus notas y resúmenes y quizás puedas responder algunas preguntas que tenías al inicio de la sesión.

En esencia estás echando una ojeada nuevamente, pero esta vez, en lugar de ver la imagen completa de lo que vas a aprender, haces una encuesta rápida de lo que has aprendido.

Analiza un par de conceptos nuevos, repasa los temas principales y simplemente toma un momento para dejar que todo decante. Si practicas la recuperación justo después de aprender datos nuevos, estás enseñando a tu cerebro no solo a archivar información importante, sino a consolidar un camino a través del cual puedes buscar y recuperar esa información luego.

El cuarto paso es estudiar. El material está allí, ahora tienes que asegurarte de que esté echando raíces en tu cerebro, permanentemente. ¿La clave de esto? Repetición. Por unos 30 a 50 minutos, repasa conceptos, definiciones, problemas o ideas, reforzando tu entendimiento.

Presta atención a las partes que son más difíciles para ti, pero recuerda seguir viendo cada unidad en relación al todo. Aquí, puedes utilizar todos los pasos anteriores para sentarte con el material y codificarlo en tu cerebro.

El último paso es evaluar. Aquí, quieres revisar lo bien que va el proceso. Revisa cuánto has retenido, pero también pregúntate lo bien que están funcionando tus técnicas de estudio. Haz algunas pruebas o resuelve algunos problemas y evalúa tu desempeño y memoria. Basado en el resultado, ajusta tu enfoque la próxima vez.

Sabrás que probablemente has absorbido el material cuando seas capaz de enseñar con confianza los conceptos a otra persona, y sentir que comprendes lo suficiente para reproducirlos o salir bien en una prueba. Por otro lado, podrías hacerlo bien con el material, pero deseas cambiar el enfoque de estudio, por ejemplo, más o menos tiempo en ciertos pasos, o usar diferentes técnicas de lectura activa.

Cuando termines, ¡comienza de nuevo con el paso uno!

Práctica de recuperación

. . .

Entonces, ¿cómo podemos usar este conocimiento sobre nuestra memoria para aprender de manera más efectiva? Existe una gran técnica que aplica la naturaleza variable de la memoria: práctica de recuperación.

Nosotros típicamente consideramos aprender algo que absorbemos, algo que entra en nuestro cerebro: el profesor o libro de texto suelta hechos, datos, ecuaciones y palabras para nosotros, y nosotros simplemente estamos allí recolectando eso. Es una simple acumulación, un acto muy pasivo.

Este tipo de relación con el aprendizaje de vuelve conocimiento que no retenemos por mucho porque, a pesar de que lo entendemos, no hacemos mucho con él. Para mejores resultados, tenemos que hacer que el aprendizaje sea una operación activa.

Es ahí donde entra en juego la práctica de recuperación. En lugar de poner más cosas en nuestros cerebros, la práctica de recuperación nos ayuda a tomar el conocimiento fuera de nuestros cerebros y ponerlo en uso. Ese cambio aparentemente pequeño en la manera de pensar mejora dramáticamente nuestra oportunidad de retener y recordar lo que aprendemos.

Todo el mundo recuerda tarjetas de los días de niñez.

La parte frontal de las tarjetas tenían ecuaciones, palabras, términos científicos o imágenes y la parte de atrás tenía la "respuesta"; la solución, definición, explicación o cualquiera que fuese la respuesta que se esperaba del estudiante.

La idea de las tarjetas nace de una estrategia llamada práctica de recuperación. Este enfoque no es ni nuevo ni muy complicado: es simplemente recordar información que ya has aprendido (la parte de atrás de la tarjeta) cuando aparezca cierta imagen o re presentación (la parte frontal).

La práctica de recuperación es una de las mejores maneras para incrementar tu memoria y la retención de hechos. Pero, incluso cuando su fundamento es bastante sencillo, en sí la práctica de recuperación no es tan directa como practicar con las tarjetas o escanear las notas que has tomado. En lugar de eso, la práctica de recuperación es una habilidad activa: esforzarse realmente, pensar y procesar para finalmente llegar al punto de recuperar la información sin pistas; mucho de lo que ya hemos discutido en este libro que acelera el aprendizaje.

Una reconocida científica cognitiva estudió a pupilos tomando clases de estudios sociales en secundaria durante un año y la segunda mitad del 2011. El estudio buscaba determinar cómo innumerables cuestionarios, regularmente programados (básicamente ejercicios de práctica de recuperación), beneficiaron la habilidad para aprender y retener.

El profesor de la clase no alteró su plan de estudio y simplemente dio la instrucción usual. A los estudiantes se les otorgó cuestionarios usuales, desarrollados por el equipo de investigación, sobre el material de la clase con el entendimiento de que los resultados no afectarían sus notas.

Estos cuestionarios solo incluyeron alrededor de un tercio del material abarcado por el profesor, quién además abandonó el aula mientras los estudiantes tomaban el cuestionario. Esto para que el profesor no tuviese conocimiento de los temas que abarcaban los cuestionarios.

Durante la clase, el profesor enseñó y revisó la clase como de costumbre, sin saber qué partes de la instrucción fueron preguntadas en los cuestionarios.

Los resultados de este estudio fueron medidos durante los exámenes finales de unidad y fueron bastante dramáticos. Los estudiantes lograron una nota total más alta sobre el material que cubrieron los cuestionarios (el tercio de lo que toda clase abarcaba) que las preguntas que no se realizaron en los cuestionarios sin riesgos. El simple acto de estar a prueba ocasionalmente, sin presión para obtener las respuestas correctas para impulsar sus notas en general de hecho ayudó a los estudiantes a aprender mejor.

El estudio también proporcionó un conocimiento sobre qué tipos de preguntas ayudaron más. Las preguntas que requerían que los estudiantes de hecho recordarán la información desde cero generó más éxito que las preguntas de selección múltiple, en las cuales la respuesta podía ser reconocida a partir de una lista o preguntas de verdadero y falso.

El esfuerzo mental activo para recordar la respuesta, sin señal verbal o visual, mejoró el aprendizaje y la retención de los estudiantes.

. . .

Uso de la práctica de recuperación en nuestras vidas

El beneficio principal de la práctica de recuperación es que fomenta un esfuerzo activo en lugar de una filtración pasiva de información externa. Cuando aprendemos algo y luego hacemos algo más para reforzar nuestro aprendizaje, tiene un mayor efecto que revisar notas o releer pasajes de libros.

El conocimiento que almacenamos en nuestra memoria es activado cuando es llamado. La práctica de recuperación estimula ese movimiento y hace que sea más fácil aprender y retener nuevos entendimientos. Si sacamos conceptos de nuestro cerebro, es más efectivo que tratar continuamente de insertar conceptos. El aprendizaje proviene de tomar lo que ha sido añadido a nuestro conocimiento y sacarlo en algún momento luego.

Mencionamos las tarjetas al inicio de esta sección y cómo descienden de la práctica de recuperación. Pero, las tarjetas no son en sí la estrategia: puedes usarlas y aun así realizar la verdadera práctica de recuperación.

. . .

Muchos estudiantes usan inactivamente tarjetas de alguna manera: ven la señal, responden en su cabeza, se dicen a sí mismos que saben la respuesta, voltean la tarjeta para ver que están en lo correcto y siguen con la siguiente. Sin embargo, convertir esto en una práctica seria tomar algunos segundos para realmente recordar la respuesta y, en el mejor de los casos, decir la respuesta en voz alta antes de voltear la tarjeta. La diferencia parece leve y sutil, pero es importante. Los estudiantes obtendrán mayor ventaja de las tarjetas al recuperar y vocalizar la respuesta antes de seguir.

En situaciones del mundo real, donde usualmente no hay un profesor externo, tarjetas ya hechas u otra asistencia, ¿cómo podemos readaptar lo que aprendemos a la práctica de recuperación? Una buena manera es expandir las tarjetas para hacerlas más "interactivas".

Las tarjetas en nuestras experiencias en la escuela primaria, en gran parte, eran notas únicas. Puedes adaptar la metodología de las tarjetas para aplicaciones más complejas del mundo real o autoaprendizaje al tomar un nuevo enfoque en torno a lo que está en la parte de atrás de las tarjetas.

. . .

Cuando estudies material de trabajo o una clase, haz las tarjetas con conceptos en el frente y definiciones en la parte de atrás. Luego de completar esta tarea, haz otro conjunto de tarjetas que den "instrucciones" sobre cómo reprocesar el concepto para una situación creativa o de vida real. Aquí tienes un ejemplo:

- "Reescribe este concepto en español".
- "Escribe la trama de una película o novela que demuestre este concepto".
- "Usa este concepto para describir un evento de la vida real".
- "Describe lo opuesto de este concepto".
- "Dibuja una imagen de este concepto".

Las posibilidades son, como dicen, ilimitadas de acuerdo a cómo busques la recuperación. Usar estos ejercicios extrae más información sobre el concepto que tú mismo produces. Colocarlos en el contexto de una narrativa o expresión creativa te ayudará a entenderlos cuando surjan en la vida real. Nuestros recuerdos son volubles, les gusta jugar trucos sobre nosotros, pero pueden ser moldeados para nuestra ventaja al aprender más rápidamente.

Repetición espaciada

∙ ∙ ∙

Este método busca directamente tratar de superar el olvido. La repetición espaciada, también conocida como práctica distribuida, es exactamente como suena.

La razón por la que es una técnica tan importante para mejorar tu memoria es que batalla directamente contra el olvido y te permite trabajar dentro de los límites de las capacidades de tu cerebro. Otras técnicas, no menos importantes, se tratan de incrementar la codificación o almacenamiento; recuerda que las tres partes de la memoria son codificar, almacenamiento y recuperación. La repetición espaciada ayuda con la última parte, la de recuperación.

Para poder aprender de memoria y retener mejor la información, desconecta tu práctica y exposición de la memoria por un período tan largo como sea posible. En otras palabras, recordarás algo mucho mejor si los estudias por una hora al día en lugar de veinte horas un fin de semana. Esto aplica para posiblemente todo lo que puedas aprender. Un estudio adicional ha demostrado que ver algo veinte veces en un día es mucho menos efectivo que ver algo diez veces a lo largo de siete días.

∙ ∙ ∙

La repetición espaciada tiene más sentido si imaginas tu cerebro como un músculo. Los músculos no pueden ser ejercitados todo el tiempo y luego puestos a trabajar con nada o casi nada de recuperación. Tu cerebro necesita tiempo para hacer conexiones entre conceptos, crear memoria muscular y familiarizarte con algo. El sueño ha demostrado ser donde son hechas las conexiones neuronales, y no es algo solo mental. Las conexiones sinápticas son formadas en tu cerebro y las dendritas son estimuladas.

Si un atleta se ejercita demasiado en una sesión, como podrías ser tentado a hacer al estudiar, pasará una de dos cosas. El atleta estará muy cansado y la segunda mitad del entrenamiento será inútil, o el atleta sufrirá una lesión. El descanso y la recuperación son necesarios para la tarea de aprender, y algunas veces el esfuerzo no es lo que se requiere.

Aquí tienes un vistazo de cómo podría verse un cronograma de repetición espaciada.

Lunes a las 10 am. Aprender hechos iniciales sobre la historia inglesa. Acumulas cinco páginas de notas.

. . .

Lunes a las 8 pm. Revisas las notas sobre la historia inglesa, pero no solo las revisas de manera pasiva. Asegúrate de tratar de recordar toda la información desde tu propia memoria. La recuperación es una mejor manera de procesar información en lugar de simplemente releer y revisar. Esto podría tomar solo veinte minutos.

Martes a las 10 am. Trata de recordar la información sin mirar mucho las notas. Luego de tu primer intento para recordar de manera activa tanto como fuese posible, regresa a través de tus notas para ver lo que obviaste, y toma nota de lo que sea a lo que debas prestarle más atención. Esto probablemente tome solo quince minutos.

Martes a las 8 pm. Revisa las notas. Esto tomará diez minutos.

Miércoles a las 4 pm. Trata nuevamente de recordar de manera independiente la información y solo mira las notas una vez que termines para ver qué más has obviado. Esto tomará solo diez minutos. Asegúrate de no saltar ningún paso.

. . .

Jueves a las 6 pm. Revisa las notas. Esto tomará diez minutos.

Viernes a las 10 am. Sesión de recuperación activa. Esto tomará diez minutos.

Al mirar este cronograma, nota que solo estás estudiando 75 minutos adicionales a lo largo de la semana, pero increíblemente has logrado pasar por toda la lección 6 veces adicionales. No solo eso, probablemente te has aprendido casi todo de memoria porque estás usando una recuperación activa en lugar de una revisión pasiva de tus notas.

Estás listo para una prueba el siguiente lunes. De hecho, estás listo para una prueba para el viernes en la tarde. La repetición espaciada le da a tu cerebro tiempo para procesar conceptos y hacer sus propias conexiones y saltos debido a la repetición.

Piensa sobre lo que pasa cuando tienes una exposición repetida a un concepto. Para el primer par de exposiciones, podrías no ver nada nuevo. A medida que te familiarizas más con él y dejas de seguir la corriente, comienzas a examinarlo a un nivel más profundo y a pensar sobre el contexto que lo rodea. Lo relacionas con otros conceptos o información y generalmente haces que tenga sentido debajo del nivel superficial.

Claro que, todo está diseñado para empujar la información de tu memoria de corto plazo a tu memoria de largo plazo. Es por eso que la acumulación de información o estudiar a último minuto no es un medio efectivo de aprendizaje. Muy poco tiende a llegar a la memoria de largo plazo debido a la falta de repetición y un análisis profundo. En este punto, se vuelve memorización por repetición en lugar del aprendizaje de conceptos que discutimos antes, lo cual está destinado a desvanecerse más rápidamente.

Cuando te enfocas en aprender algo, en lugar de medir el número de horas que dedicas en algo, trata de medir el número de veces que repasas la misma información luego del aprendizaje inicial Haz que tu meta sea incrementar la frecuencia de revisión, no necesariamente la duración.

Ambas cosas importan, pero la literatura de la repetición espaciada o práctica distribuida hace evidente que es necesario un espacio para respirar.

. . .

Es cierto que este tipo de aprendizaje toma más tiempo y planificación de lo que la mayoría de nosotros estamos acostumbrados. Sin embargo, si te encuentras con falta de tiempo aun así puedes usarlo estratégicamente.

Para estudiar para una prueba, examen u otro tipo de evaluación no necesitamos que el material llegue a nuestra memoria de largo plazo. Solo necesitamos que pase levemente más allá de nuestra memoria funcional y que sea parcialmente codificada en nuestra memoria de largo plazo. No necesitamos ser capaces de recordar algo al día siguiente, así que es como si solo necesitamos que algo esté allí por unas horas.

Podrías no ser capaz de lograr una verdadera repetición espaciada si estás estudiando a último minuto, pero puedes estimularla levemente. En lugar de estudiar X tema por tres horas solo en la noche, busca estudiarlo una hora, tres veces al día con un par de horas entre cada exposición.

Recuerda que los recuerdos necesitan tiempo para ser codificados y plantados en tu cerebro. Estás haciendo la mejor imitación de repetición espaciada que puedes con lo que tienes disponible. Para sacarle el mayor provecho a tu limitando tiempo de estudio, estudia algo, por ejemplo, tan pronto despiertes y luego revísalo en la tarde, a las 4 pm y 9 pm. El punto es hacer revisiones a lo largo del día y conseguir el mayor número de repeticiones posibles. Recuerda enfocarte en la frecuencia en lugar de la duración.

Durante el curso de tu repetición, asegúrate de estudiar tus notas sin orden para verlas en contextos diferentes y codificarlas de manera más efectiva. Además, usa la recuperación activa en lugar de la lectura pasiva. No temas incluso intercalar material no relacionado para cosechar los beneficios de la práctica intercalada. Asegúrate de enfocarte en los conceptos subyacentes que gobiernan la información que estás aprendiendo para que puedas hacer suposiciones educadas sobre lo que no recuerdas.

Asegúrate de que estás recitando y practicando información nueva hasta el último minuto antes de tu prueba. Tu memoria de corto plazo puede sostener siete artículos en su mejor día, así que podrías simplemente salvarte con una pieza de información que nunca iba a entrar en tu memoria de largo plazo. Es como hacer malabares. Es inevitable que se te caiga todo, pero casualmente estás haciendo malabares con algo que puedes usar. Haz uso de todos los tipos de recuerdos que puedas emplear conscientemente.

La repetición espaciada, como puedes ver, se acerca al aprendizaje con una perspectiva diferente al practicar la recuperación y tener la frecuencia como objetivo en lugar de la duración para mejorar la memoria. Incluso en situaciones donde no tienes tanto tiempo como quisieras, puedes usar la repetición espaciada para estudiar para pruebas y en general para introducir más información en tu cerebro; nuevamente, al tener que concentrarte en la frecuencia y no en la duración. Cuando esparzas tu aprendizaje y memorización a lo largo de un mayor período de tiempo y repases el mismo material frecuentemente, estarás mejor.

Enseñanzas

- El aprendizaje depende de la memoria, y la memoria es en cambio una interacción entre dos procesos: almacenamiento y recuperación de información. Existen tres pasos principales: codificar, almacenar y recuperar.
- Lo bien que codifiquemos material (lo bien que lo solidifiquemos en nuestras mentes) depende del grado de atención e intensidad de

atención que prestemos, así como de los sentidos a través de los cuales nos encontramos con el material y nuestras emociones asociadas.

- Cuando almacenamos recuerdos, lo hacemos como parte de la memoria transitoria sensorial, memoria de corto plazo o memoria de largo plazo.
- La recuperación es cuando regresamos a los recuerdos almacenados y los sacamos nuevamente, sea con una señal o secuencia útil, o ninguna de las dos. Podemos recuperar información de varias formas: recordarla directamente (sin señales, es obviamente lo que se prefiere), por reconocimiento (recordar algo luego de una pista o señal) y reaprendiendo, (que es el método menos efectivo y menos duradero).
- Olvidar es una situación normal y ocurre con una "línea del olvido". Sin embargo, cada vez que practicamos refrescamos esta memoria, y los rasgos subsecuentes del olvido van pasando a una curva menos empinada. La meta es practicar hasta que la curva eventualmente se aplane, y el ritmo de declive se ralentice lo suficiente para que digas: "he aprendido esto permanentemente".
- El ciclo de estudio es un proceso a seguir para

maximizar tu proceso de aprendizaje dada la manera en que funciona la memoria. Los pasos son: anticipar, atender, revisar, estudiar y evaluar, y luego inicia nuevamente el ciclo. En una sesión de estudio, lo mejor es fluir a través de cada paso de manera consciente, estableciendo el contexto, prestando atención y luego tomando el tiempo para evaluar lo bien que estuvo el proceso.

- La práctica de recuperación es el arte de practicar lo que solidifica más los recuerdos, recuperándolos. Es un proceso activo e inculca firmemente los recuerdos.
- La repetición espaciada tiene mayor efecto para la práctica de recuperación y para combatir el olvido. La práctica deliberada también puede ayudarte a controlar lo que estás practicando y cómo esto puede mejorar tu aprendizaje y conocimiento con el tiempo.

3

Técnicas Para El Aprendizaje Activo

INDEPENDIENTEMENTE DE QUE tus días de escuela estén más que terminados o pue das todavía recordar esas aburridas clases como si fuese ayer, probablemente puedas pensar en un par de técnicas de ense ñanza que tus profesores te impusieron con mayor o menor éxito. Muchos de nosotros nos embarcamos en cualquier nuevo es fuerzo de estudio al regresar a estas viejas tácticas sin pensar sobre si funcionan para nosotros, o si realmente alguna vez funcio naron para nuestros profesores.

Podríamos asumir que los acercamientos más conven cionales son los que deben usarse, pero ¿realmente son lo mejor?

. . .

Un investigador, profesor y director de la Universidad Estatal de Kent y sus asociados llevaron a cabo una extensa revisión de las técnicas y modelos relacionados con el aprendizaje en el 2013. Examinaron 10 métodos diferentes, escogidos porque eran "relativamente fáciles de usar y por ende podían ser adoptados por muchos es tudiantes".

Probablemente las reconocerás todas como técnicas que has tratado en el pasado con niveles de éxito variantes.

El equipo clasificó cada técnica de acuerdo a lo adecuada que era para la meta del aprendizaje y la retención. Como era de esperarse, los cinco modelos que el equipo determinó que eran inadecua dos para el aprendizaje eran, sin dudas, los más comúnmente usados y reconocidos:

Recapitulación: en este modelo, a los estudiantes se les pide que escriban sus pro pios resúmenes del texto a ser aprendido. El punto de la recapitulación es "identificar los puntos principales de un texto y captu rar la esencia del mismo mientras excluyen el material que no es importante o repetitivo". El equipo de Dunlosky aseguró que la recapitulación es una habilidad que solo funciona si el estudiante ya está entrenado sobre cómo usarla.

. . .

Para la mayoría de los estudiantes sin ese entrenamiento, la técnica no podría ser ejecutada y no sería efectiva. En otras palabras, la recapitulación podría ser efectiva, y en teoría lo es, pero probablemente la estés aplicando mal. En este caso, aplicarla mal solo hace que pierdas tu tiempo y energía y podría incluso darte un falso sentido de en tendimiento y progresión.

Resaltar: esta técnica universalmente popular de toda la vida consiste simple mente en marcar el texto pertinente con un marcador de color brillante o subrayar dicho texto.

Los investigadores descubrie ron que resaltar texto podría ayudar si los estudiantes estaban usando un texto extraordinariamente difícil, pero en general, vieron el resaltado como una detracción del aprendizaje y no ayuda a los estudiantes a llevarse un significado adicional o una in ferencia del material de estudio. Si te inclinas fuertemente por el resaltado, quizás es hora de que dejes de usarlo como muleta y aprendas a leer de manera más activa.

Nemotecnia: un método prácticamente antiguo, la nemotecnia es la invocación de las imágenes, canciones, frases o acrónimos clave para recordar hechos o información ya aprendida. Por ejemplo, usar la frase "Hoy Suena Espléndida Mi Orquesta" para identificar los cinco Grandes Lagos (Hurón, Superior, Erie, Michigan, Ontario) o usar imágenes de objetos aprendiendo un idioma extranjero.

Parece tener muchísimo sentido, y la nemotecnia puede ser usada con éxito en áreas limitadas. Pero, los investigadores en contraron que, aunque parece ayudarnos a acceder rápidamente a la memoria de pala bras clave, el potencial de lograr un "aprendizaje duradero" con la nemotecnia es bas tante bajo. Esto podría estar conectado con lo que discutimos de las relaciones entre la memorización por repetición y el aprendizaje de conceptos; mientras la nemotecnia fomente solo el aprendizaje superficial, no puede competir con un entendimiento y comprensión profundos.

Uso de imágenes para el aprendizaje de texto: un uso más abstracto de la invocación mental que la nemotecnia, este mé todo impulsa a los estudiantes a evocar una imagen, mentalmente o sobre papel, para representar un párrafo o bloques de texto que leen.

Esencialmente se le pide al cerebro que reclute más sentidos y codifique datos en más de una manera, conectando ideas.

. . .

Los investigadores descubrieron que el uso de las imágenes es "prometedor", aunque se necesitaba un mayor estudio sobre el tema. En general, determinaron que los beneficios de las imágenes estaban limitados a las pruebas de memoria y el texto que ya se había prestado para la creación de la imagen o recuerdo. Como con otras técnicas discutidas aquí, a menudo se reduce a si sabes lo que estás haciendo o no.

Releer: el equipo descubrió que, aunque releer y revisar el texto era extremadamente común y fácil de ejecutar, era solo ligeramente efectivo y solo principalmente cuando la actividad estaba separada de la lectura previa. También sostuvieron que no había una evidencia convincente de que releer tuviese algún efecto sobre el conocimiento o habilidades de los estudiantes o sobre la compresión profunda del tema.

¿Alguna vez has leído algo de una manera completamente pasiva, con tus ojos siguiendo el texto sin que realmente te quede algo? Leer puede ser visto como algo obvio de hacer, pero podría significar casi nada cuando consideras lo fácil que es leer sin una conexión genuina y profunda con los conceptos en la página que tienes frente a ti.

. . .

Aunque estas cinco técnicas sí poseían ciertas ventajas, sea su facilidad de uso o su efectividad cuando los estudiantes sabían cómo usarlas apropiadamente, se descubrió que su eficacia al retener un entendimiento profundo, exhaustividad, y aplicabilidad eran de alguna manera algo muy estrecho y frecuentemente sujeto a ciertas condiciones. Tenían algo de valor a nivel superficial o de memorización, pero mucho menos valor en comprensión.

Aunque muchos métodos han sido desacreditados como inefectivos, hubo una evidencia concreta para la eficacia de otros métodos. Como se esperaba, la dife rencia entre los dos grupos era la cantidad de procesamiento activo involucrado. En este punto del libro, esto no debería sorprendernos.

Cinco técnicas efectivas

Las otras cinco estrategias que abarcó el equipo de fueron consideradas las mejores para el aprendizaje y la retención:

- Prueba práctica
- Práctica distribuida
- Interrogación elaborativa

- Autoexplicación
- Práctica intercalada

Ya hemos discutido la prueba práctica, también conocida como práctica de recuperación, en el capítulo 2. Eso es cuando estás mirando una pieza de papel en blanco y se te pide que generes información sin ninguna señal o pista adicional. La práctica distribuida, también conocida como repeti ción espaciada, también fue abarcada allí, ambas como una extensión de cómo funciona nuestra memoria.

En esta sección, discutiremos las técnicas restantes y, lo más importante, cómo puedes comenzar a usarlas en tus propias sesiones de estudio.

Interrogación elaborativa

Muchos pensadores prominentes han expresado un sentimiento común a través del los años: si no puedes explicar fácilmente una idea a un niño de cinco años, entonces no entiendes realmente el concepto. Un artículo del 2014 en el semanario Memory and Cognition (memoria y cognición), explicaba cómo "esperar aprender" mejoraba la habilidad de una persona para retener y organizar información nueva. Tratar de explicar lo que has aprendido a una audiencia real o imaginada es útil, pero podría realmente ser la anticipación de tener que enseñar en el futuro lo que fuerza tu cerebro a adoptar un estado de consciencia particularmente receptivo y enfocado.

El estudio de los investigadores fue sencillo: a los estudiantes se les pidió que aprendieran un pasaje para poder completar una prueba que luego obtuvo resultados peores: que los de los estudiantes a los que se les pidió que aprendieran el mismo pasaje con la intención de enseñarlo a alguien más. El segundo grupo de estudiantes pudo recordar mejor los puntos y detalles clave, y la información que retuvieron estaba mejor organizada.

El truco podría estar en adoptar una posición más activa en cuanto a lo que estás recibiendo. ¿Cuántas veces has leído un párrafo, con los ojos ausentes, escaneando el texto en la página, pero sin pensar realmente lo que significa?

Esperar enseñar podría preparar tu mente y ponerte a leer de manera más activa, buscando puntos clave. y señales de información importantes. A medida que lees, tu cerebro ya está armando activamente un minicurriculo en tu mente.

. . .

Existen variaciones de este principio. La "interrogación elaborativa" es el acto de hacer una explicación extensa sobre por qué cierto hecho es el caso. Investigada por un psicólogo educador desde mediados de los 90, esta técnica es bastante prometedora como una manera de aprender detalles y hechos, incluso los más confusos. En lugar de simplemente aprender lo que es verdadero, te obligas a explicar las razones por las que es verdadero. Al bajarle la velocidad y pedirle a tu cerebro que entienda realmente, superas la necesidad de memorizar por repetición y retienes el concepto en un nivel más profundo.

Lo más importante, esto no solo significa acceder y memorizar a una explicación, sino crear una por ti mismo; es el proceso lo que permite un mejor entendimiento. Lo que es genial de esto es que mientras más conocimiento previo tengas, mejor funciona el método, porque tienes una base mental más firme sobre la cual construir cuando aprendes algo nuevo.

Esta técnica podría conllevar nada más complicado que preguntar regularmente "¿por qué". Algunas veces pensamos que entendemos algo, pero cuando se nos pide que hagamos un resumen claramente (literalmente hablando en voz alta, si es posible), revelamos para nosotros mismos las brechas en nuestro conocimiento. Si entiendes algo bien explica cómo llegaste a tu respuesta, o piensa sobre cómo podrías resumir el proceso para un compañero estudiante.

Al entender los pasos y el método, te das a ti mismo una mejor oportunidad para repetirlos en el futuro cuando resuelvas un problema similar.

La autoexplicación es una técnica relacionada y también depende del mayor recurso que tienes disponible: las cosas que ya sabes. La autoexplicación usa el conocimiento previo para explicar y entender conocimiento nuevo. En lugar de abordar cualquier información nueva desde cero, trata de anclarla y contextualizarla a lo que sea que ya entiendes.

Muchos de nosotros practicamos la técnica sin siquiera saberlo, pero algunas veces es algo a lo que ciertamente podemos sacarle provecho. La efectividad de este método de pende fuertemente del contexto y el grado de tu conocimiento previo. Se combina mejor con otras técnicas y enfoques.

Una manera sencilla de impulsar el nuevo conocimiento usando viejo conocimiento es usando analogías. Si eres un cocinero experto tratando de aprender una complicada técnica de laboratorio, podrías sacar el paralelismo entre ambas cosas al imaginar el proceso de laboratorio como una "receta".

Incluso crear un resumen puede decirse que saca algo de este mismo enfoque para aprender, siempre y cuando estés creando el resumen en un espíritu de extraer la esencia de un concepto para compartirlo con alguien más, es decir, enseñarle. Algunas personas encuentran enormemente útil imaginar que se están enseñando a ellos mismos mientras aprenden. Esto puede ser combinado con las preguntas o una toma de notas creativa.

Una persona que aprende una nueva pieza musical en un instrumento podría darse cuenta que le está costando en una sección en particular. Le baja la velocidad, la desglosa y la mira más de cerca. Se imagina a sí mismo explicándole a otros por qué esta pieza es tan difícil. Al elaborar de esta manera, entiende lo que debe ser aprendido; un nuevo patrón de rasgueo, una posición diferente de las manos, etc.

La persona podría entonces enseñarse a sí misma mentalmente mientras hace esto: "vaya, eso no parece funcionar tan bien... ¿por qué será? Mira la posición de tu cuarto dedo. Ya sabes que en la pieza anterior que aprendiste el cuarto dedo algunas veces puede ser un problema con esta técnica... Ok... siéntate derecho e inténtalo de nuevo, respira profundamente y saca el cuarto dedo en el tercer conteo, así..." Puede hacer un ensayo y error con un enfoque diferente, participando y respondiendo de manera dinámica a su propio aprendizaje, en lugar de repetir sin pensar los mismos patrones una y otra vez sin llegar a ningún lado.

Otra manera de mejorar tus autoexplicaciones es usando ejemplos concretos mientras tratas de aprender. Volvamos a la discusión de éticas que usamos en el capítulo anterior mientras aprendíamos a tomar notas de manera efectiva. Podemos usar el clásico ejemplo de dividir un pastel entre tres niños para ilustrar los principios que hemos aprendido. El deontólogo dividiría el pastel en base a algunas reglas preconcebidas como "todos tendrán partes iguales". Sin embargo, el utilitario diría que deberíamos dividir el pastel maximizando la felicidad total derivada de la división. Por lo que si un niño está hambriento mientras otro está lleno, el primero tendría más que el segundo.

Este es solo un ejemplo, pero puedes utilizar diferentes ejemplos para ayudar a explicarte a ti mismo ideas diferentes. Si puedes, discute tus ejemplos con otros para conseguir opiniones o críticas constructivas. Alternativamente, si tienes acceso a un profesor, verifica tus ejemplos con él o ella para asegurarte de que has implementado los principios que deben expresar los ejemplos.

Un estudio reciente en la Universidad de Waterloo encontró que la acción doble de hablar y escucharte a ti mismo te ayuda a retener información mucho mejor que leyendo o escribiendo en silencio. Esto debido a que decir cosas en voz alta tiene un mayor impacto en tu memoria de largo plazo. Podrías sentir inicialmente que es un poco raro hablar contigo mismo, pero eso es solo un inconveniente minúsculo de una técnica infinitamente útil. El siguiente método de leer en voz alta sin lugar a dudas probará ser beneficioso en tus esfuerzos por aprender:

1) Mientras lees tus notas o material del tema, subraya cualquier concepto clave que consideres importante.

2) Una vez que termines de hacerlo con todas tus notas, regresa a todo lo que subrayaste y lees cada concepto en voz alta y lentamente, y tantas veces como creas necesario.

3) Luego de terminar con esto, toma un descanso de tres minutos. Luego del descanso, cubre tus conceptos subrayados y pruébate a ti mismo para ver lo bien que pudiste memorizarlos. Probarte a ti mismo luego de ser expuesto a nueva información ha demostrado mejorar la

recolección en el futuro, marcando este paso como particularmente impor tante.

4) Repite los pasos de arriba para cualquier concepto que no hayas podido memorizar.

La técnica de Feynman

La técnica de Feynman, es una aplicación específica de autoexplicación. Consta de 4 pasos.

Paso uno: elige tu concepto.

Esta técnica es ampliamente aplicable, así que elijamos un concepto que podamos usar a lo largo de esta sección: gravedad. Supongamos que queremos en tender lo básico de la gravedad o explicarlo a alguien más.

Paso dos: escribe una explicación del concepto en castellano.

¿Esto es fácil o difícil? Este es un paso en serio importante porque mostrará exactamente lo que entiendes y lo que no sobre el concepto de gravedad. Explícalo de la manera más simple pero precisa, y de una manera que alguien que no sabe nada sobre el concepto también pueda entenderlo.

¿Puedes hacerlo o terminarás recurriendo a decir algo como "bueno... ya sabes, ¡la gravedad! Este paso te permite ver tus puntos ciegos y dónde tu explicación comienza a derrumbarse. Si no puedes realizar este paso, claramente no sabes tanto como pensabas y serías terrible explicándolo a alguien más. Podrías ser capaz de explicar lo que ocurre a objetos que están sujetos a la gravedad y lo que pasa cuando hay cero gravedad. Pero todo lo que pasa en medio podría ser algo que asumes que sabes, pero saltas continuamente la oportunidad de aprender al respecto.

Paso tres: encuentra tus puntos ciegos.

Si no pudiste idear una descripción corta de la gravedad en el paso anterior, entonces es bastante claro que tienes grandes brechas en tu conocimiento. Investiga la gravedad y encuentra una manera simple de describirla. Podrías inventar algo como "la fuerza que causa que objetos grandes atraigan objetos pequeños debido a su peso y masa". Sea lo que sea que no puedas explicar, es un punto ciego que debes rectificar.

Ser capaz de analizar la información y desglosarla en algo más sencillo demuestra conocimiento y entendimiento. Si no puedes resumirlo en un párrafo, o al menos de una manera concisa, sigues teniendo puntos ciegos que necesitas conocer.

Paso cuatro: usa una analogía

Finalmente, crea una analogía para el concepto. Hacer analogías entre los conceptos requiere un entendimiento de los rasgos y características principales de cada uno, Este paso es para demostrar si realmente entiendes o no los conceptos a un nivel más profundo y para hacer que sea más sencillo explicarlos. Puedes verlo como la verdadera prueba de tu entendimiento y si posees o no puntos ciegos en tu conocimiento.

Por ejemplo, la gravedad es como cuando colocas tu pie en un estanque y las hojas caídas en la superficie son atraídas allí porque causa un impacto apenas visible. Ese impacto es la gravedad.

. . .

Este paso también conecta nueva información con vieja información y te permite llevar un modelo mental funcional para entender o explicar en mayor detalle. La técnica de Feynman es una manera rápida para descubrir lo que sabes en comparación con lo que piensas que sabes, y te permite solidificar tu base de conocimiento.

Práctica intercalada

El método final de aprendizaje de este capítulo representa una desviación de lo que muchos podrían considerar la manera lógica y establecida de aprender una habilidad o tema: dedicar tiempo a aprender un tema en bloques ininterrumpidos, algo así como comerte todos los vegetales antes del postre.

El aprendizaje por bloques implica aprender o practicar una habilidad a la vez antes de progresar a otra. No tienes que dejar de trabajar en una habilidad hasta que completes la rutina; dominas una habilidad A antes de la habilidad B y dominas la habilidad B antes de la C. Representando unidades de tiempo de estudio como una letra, esta práctica establecería un patrón que se vería como AAABBBCCC.

El intercalado interrumpe esa secuencia. Mezcla la práctica de diversas habilidades relacionadas a lo largo de la sesión de estudio, por lo que el patrón intercalado se vería algo como ABCABCABC.

Por ejemplo, un estudiante principiante en álgebra podría tener la tarea de comprender los exponentes, gráficos y radicales. En lugar de tomar cada tema a la vez, podría comenzar con los exponentes, desprenderse y practicar los gráficos, luego trabajar en los radicales de raíces cuadradas y luego regresar a estudiar los exponentes. Al estudiar a Shakespeare, uno podría dividir las porciones de una sesión de estudio al cambiar entre la comedia, tragedia y obras históricas del dramaturgo. Llevándolo a otro nivel, podrías estudiar literatura, luego matemáticas y luego la historia africana, todo en el mismo bloque de estudio.

La práctica intercalada al inicio podría parecer una manera casual, de alguna manera aleatoria para aprender comparada con otras, pero ¿qué método funciona mejor realmente? Estudios indican que el estudio intercalado es de hecho mucho más efectivo para el aprendizaje motor (movimientos físicos) y tareas cognitivas (matemáticas).

Su ventaja sobre el aprendizaje por bloques es sorprendente: las pruebas indicaron que la práctica intercalada produce un aumento del 43% en el aprendizaje y retención en comparación con el aprendizaje por bloques. Podrías haber escuchado que la multitarea es mala porque crea interrupciones y dificulta el flujo del aprendizaje.

Pero cuando se usa deliberadamente, las "interrupciones" también pueden ser exactamente lo que hace que la práctica intercalada sea efectiva.

La práctica intercalada presiona a un estudiante a que salga de su elemento de orden y secuencia. Esta interrupción busca más crear una impresión en la mente del estudiante que mantener el status quo de la sesión de estudio. Y también es una forma de práctica de recuperación: los estudiantes regularmente repasan conocimientos adquiridos recientemente con un mayor ritmo. Mientras más a menudo podamos encontrar información, recordarla, revisar, y conectarla con otros temas que ya conocemos, es más probable que entendamos y recordemos información.

La mezcla de conceptos o problemas crea y refuerza conexiones más fuertes entre estos. Los estudiantes generalmente perciben conceptos como piezas de conocimiento independientes y autónomas sin conexiones aparentes u obvias con otras piezas. Revisar regularmente material que ha ya ha sido abarcado facilita el descubrimiento de estas conexiones y nos anima a encontrar puentes inesperados entre las diferentes habilidades e ideas.

Así como la práctica de recuperación, la práctica intercalada lleva nuestro conocimiento fuera de nuestro banco de conceptos y promueve un pensamiento activo sobre dónde encajan.

De la misma manera que las partículas que son más pequeñas tienen una mayor área de superficie, las ideas que se encuentran en pequeños bloques parecen tener un área de superficie conceptual mayor y se siente que se conectan de manera más sólida con los flujos circundantes de actividad e información.

. . .

En lugar de que el cambio de tarea sea una interrupción, puede, en este caso, actuar para mantenernos alerta y participar de manera más activa con lo que estamos aprendiendo.

Los beneficios de la práctica intercalada tienen dos funciones. Primero, mejorar la habilidad del cerebro para distinguir entre conceptos. Con el estudio por bloque, una vez que sabes cuál es la solución, la parte difícil está hecha. Con la práctica intercalada, cada intento de práctica varía del último, por lo que las respuestas repetidas o automatizadas no funcionan. En lugar de eso, tu cerebro tiene que enfocarse continuamente en encontrar soluciones diferentes. Este proceso afina tu habilidad para aprender características críticas de habilidades y conceptos, lo que por ende te ayuda a seleccionar la respuesta correcta y ejecutarla.

La práctica intercalada también fortalece tus asociaciones de recuerdos. Con la práctica por bloques, solo necesitas aferrarte a una estrategia a la vez en tu memoria de corto plazo. Con la práctica intercalada, la estrategia siempre será diferente porque la solución cambia de un intento al otro. Tu cerebro está participando incansablemente en traer respuestas y llevarlas a tu memoria de corto plazo. Nuevamente, es un acercamiento más activo y desafiante;

refuerza tus conexiones neuronales entre las diferentes tareas y respuestas, lo que mejora el aprendizaje.

La práctica intercalada puede ser efectiva en el aprendizaje basado en texto también, pero podría requerir un poco más de preparación. El consejo más importante a recordar es que la práctica intercalada no es igual a la multitarea, algo que debes evitar. No juegues muy liberalmente con las disciplinas que estás aprendiendo; intercalar química, literatura inglesa y cerámica es probablemente más problemático de lo que vale, sin mencionar desordenado.

En lugar de eso, en una sola sesión de estudio, muévete entre múltiples temas. Trata de fijar un límite sobre cuántos ángulos diferentes o temas abordarás en un bloque de estudio dado; tres es suficiente y cuatro podría ser bueno para sesiones intensas. Pero, una vez que estés adentro, siéntete libre de dejar que tus instintos te guíen de un tema a otro. Establecer un tiempo para cada tema está bien, pero en algunos casos, la aplicación de un límite artificial podría no ser ideal para objetivos de comprensión.

Incluso si los temas que intercalas no varían demasiado, sigues teniendo un margen de maniobra. Por ejemplo, puedes hacer malabares con las lecturas de literatura inglesa, arquitectura europea y filosofía griega sin un impacto crítico al sistema. Los temas que estimulan la búsqueda de conexiones son especialmente útiles; mezclar estudios sobre teoría del arte, técnica del arte, y la historia del arte cultural pop de los 60 podría muy bien producir un significado que puede ser compartido fácilmente entre los tres conceptos.

Todas las estrategias que hemos detallado en este capítulo toman la información que recibimos y la convierten en partes móviles. No sólo almacenamos la información en nuestras mentes y nos movemos a la siguiente idea. En lugar de eso, cuestionamos la información, la comparamos y la usamos para estimular otra información. Al poner nuevas ideas inmediatamente en uso. y sacar conceptos aprendidos para conectarlos con los nuevos, estás convirtiendo la educación en una acción que profundiza su significado. Cuando eso ocurre, es algo que te costará olvidar.

Enseñanzas

- Las técnicas que se enfocan en una participación activa y consciente con material nuevo siempre resultarán en un entendimiento más profundo y una mejor memoria.

- Muchas de las técnicas de estudio convencionales que todos usamos son de hecho bastante malas para ayudarnos a aprender; estas incluyen la recapitulación, resaltado, uso de nemotecnia, añadir imágenes al texto o releer texto. Aunque estas técnicas pueden ser útiles en contextos limitados, no son las más efectivas.
- Las técnicas más efectivas son más activas y aplicadas: prueba práctica, práctica distribuida (abarcada en un capítulo anterior), interrogación elaborativa, autoexplicación y práctica y intercalada.
- En la interrogación elaborativa usamos preguntas para asegurar un entendimiento profundo del material, preguntar "¿por qué?" y "¿cómo?" para revelar conexiones y relaciones casuales que van más allá de la superficie. Esto ayuda no solo a nuestro entendimiento, sino también a nuestra memoria.
- La autoexplicación también nos obliga a ir más allá con los conceptos, donde nos "enseñamos a nosotros mismos" quizás identificamos las brechas al entender. Al explicarnos nosotros mismos ideas, secuencias o conceptos, aprendemos "de adentro hacia afuera".

- Siempre vale la pena revisar tu comprensión para ver si puedes explicar cualquier idea con un lenguaje simple y directo. Si no puedes, debe haber algún tipo de brecha conceptual o malentendido.
- La práctica intercalada va en contra de la sabiduría convencional y te impulsa a alternar entre diferentes temas o habilidades en una sola sesión de estudio. Al mezclar temas, desarrollas cierta agilidad cognitiva y fortaleces las conexiones y relaciones en lugar de aprender bloques aislados de golpe.
- Las prácticas de aprendizaje activo funcionan mejor cuando son elegidas por su pertinencia para el estudio en particular, tema o lección. Cualquiera de las tácticas de arriba son una buena idea si fomentan un entendimiento profundo en lugar de uno superficial, y si te permiten lograr conexiones conceptuales significativas entre las ideas.

4

Haz Que El Aprendizaje Sea Secundario

Esa es la mejor manera de aprender, cuando estás haciendo algo con tal placer que no te das cuenta que el tiempo pasa.

Hay mucha sabiduría para descifrar en esa simple oración que un hombre una vez le dijo a su hijo, y se une directamente con el enfoque de este capítulo.

Es una premisa directa. Si eres lo suficientemente afortunado para ser consumido con una meta u objetivo, y lograr esa meta u objetivo casualmente requiere la adquisición de habilidades o conocimiento, entonces ni siquiera notarás que estás trabajando para aprender y recordar.

Tu aprendizaje y experiencia se vuelven segunda naturaleza, y todo en busca de esa meta.

Quiero repetir brevemente una historia que conté en otro lado.

Tenía una meta muy motivadora de hablarle a una chica en mi clase de inglés, Jaqueline.

Ella tendía a voltear y pedir mi ayuda porque era quizás la persona que prestaba menos atención que yo en clases, así que juré que mejoraría en inglés para que ella me siguiera hablando.

En la búsqueda de su atención, estudié inglés como loco e incluso investigué referencias inciertas y vocabulario para impresionarla. No lo sabía en ese momento, pero había hecho que el aprendizaje fuese secundario, y la búsqueda de mi meta era mi mayor prioridad. Cada nueva palabra o frase que aprendía era una que podía usar para otro objetivo.

. . .

Aprendí como resultado colateral y esa es quizás la forma más fácil de aprender. Aquí tienes otro ejemplo que involucra a mi hermano mayor. Cuando él estaba creciendo, el Internet apenas se estaba volviendo popular. Claro que, con el Internet vinieron las salas de chat, paneles de mensajes y todo tipo de comunicación con personas que no estaban cerca de ti. Abrió el mundo para muchas personas. Yo recuerdo que lo veía sentado frente al computador de la familia luchando para escribir con el teclado.

Un día descargué algún tipo de programa de chat, el cual ahora me doy cuenta que era uno que casi cada adolescente y adulto joven usaba en ese momento.

No habían pasado más de una o dos semanas cuando caminé cerca de él en la computadora nuevamente y no pude evitar darme cuenta lo ruidoso y ocupado que estaba el teclado. que estaba el teclado. Su velocidad al escribir probablemente se había cuadruplicado en solo esa semana desde la descarga de ese programa. Se obsesionó con chatear en línea y esa obsesión se tradujo en competencia rápidamente.

. . .

Había hecho que aprender a escribir en el teclado fuese secundario en busca de su meta principal de hablar con sus amigos en línea más rápidamente. Todo lo que quería era escribir más rápido para poder contar bromas en el momento correcto para no ser vencido por el remate contado por sus amigos, y encontró una manera de conseguir eso escribiendo más rápido.

Su precisión y llamada técnica probablemente habría estado mejor si hubiese atendido clases de mecanografía, pero ya era un mecanógrafo increíblemente rápido, con el chat llevándose todo el crédito.

Aquí tienes un ejemplo final para ilustrar que hacer que el aprendizaje sea secundario puede llevarte al aprendizaje y al conocimiento sin que lo notes.

Esta historia es sobre uno de mis amigos en la universidad.

Cuando él estaba viviendo en los dormitorios, estaba rodeado de personas que casualmente tocaban la guitarra.

. . .

Todos habían aprendido en algún punto cuando eran adolescentes y llevaron sus guitarras a la universidad para dar serenatas a las mujeres. Ocasionalmente, llevaban todas sus guitarras al mismo cuarto y tenían sesiones de canciones de rock clásicas como una banda.

Sintiéndose excluido, mi amigo preguntó si podía usar una de las guitarras de sus compañeros de cuarto cuando no estuviesen allí. No era un problema, así que mi amigo comenzó a aprender a tocar la guitarra por su cuenta, practicando las canciones que sus compañeros tocaban. No era que se sentía excluido realmente o desesperado por encajar, simplemente veía la música como una actividad grupal divertida y quería poder participar.

La siguiente ocasión en la que el grupo se reunió para su sesión, él pudo unirse a la diversión, y cuando pasaban por varias canciones del repertorio, podía aprender al instante y tocar discretamente en el fondo antes de tener más confianza y tocar con más fuerza. Comenzó a establecer vínculos con estos chicos y aprendió más para que el grupo pudiera tocar canciones y solos más complejos.

Él es otro ejemplo brillante de por qué, si es posible, debes hacer que el aprendizaje sea secundario. Piensa en Daniel un personaje de una de las películas de karate más famosas, quien fue obligado a pintar y limpiar y se dio cuenta que de hecho estaba aprendido karate. Con la motivación apropiada, puedes hacer que el aprendizaje y adquirir conocimiento no sea una tarea, sino más bien un escalón de tu escalera hacia tu meta en general y sentido de gratificación.

Lo que es más importante, cuando tienes una meta más grande es cuando te concentras más en hacer que algo funcione eficientemente. Podrías no preocuparte mucho de lo específico, pero probablemente tendrás el mismo resultado final.

Desde allí, tienes la elección de comenzar la práctica deliberada, ensayo y afinación de todo, pero simplemente tener la motivación correcta te llevará al punto de competencia e incluso te hará resaltar. Simplemente no es tan difícil cuando estás persiguiendo algo más grande en lugar de aprender solo por aprender o estar forzado a ello. Nuevamente, vemos la diferencia. entre el aprendizaje profundo y una memorización por repetición superficial.

Ahora bien, sin duda alguna has tomado este libro porque tu meta es (probablemente) mejorar la manera en la que aprendes, sea cual sea tu tema escogido. Es un poco parecido a una paradoja, pero para lograr realmente este objetivo en su totalidad, es casi como si necesitáramos perseguirlo indirectamente.

Casi como buscar completamente otra meta. La habilidad, experiencia, y el aprendizaje profundo pueden todos ser un beneficio colateral de tu meta dominante. Pero, es mucho más difícil de la otra manera; esperar que trabajando duro en el nivel superficial sea suficiente para ganarte ese tipo de entendimiento profundo y pasión. Entonces, ¿qué hacemos con este conocimiento?

Entender que una motivación más que no sea aprendizaje y conocimiento es tu herramienta de aprendizaje más poderosa.

Tienes que ver el bosque a través de los árboles y entender las recompensas y beneficios de a lo que tus acciones te dirigen.

En esencia, todo lo que aprendes o todo en lo que quieres mejorar es una herramienta en tu camino a tu meta o proyecto dominante. Tienes que tener un PORQUÉ y no solo un cómo.

. . .

Ponte más en contacto con las razones por las que persigues esta o esa meta, y recuérdate de su principal valor para ti en tu vida, más allá de los marcadores de éxito inmediatos. Seguro, podrías querer aprobar el siguiente examen de enfermería o ganar un premio, pero, ¿por qué estás haciendo eso? ¿No iniciaste esa travesía en primer lugar debido a tu amor sincero por ayudar a otros y marcar una diferencia?

Claro que, no todos los esfuerzos deben ser profundos y significativos para que lo refuerces con algo de contexto. Sin importar cuál sea la meta, hay maneras de abordar tu aprendizaje de manera que estés "en la zona", en lugar de solo seguir por inercia un conjunto de ejercicios predeterminados.

¿Todavía no tienes un proyecto o meta? Busca una que haga que la adquisición de una habilidad deseada sea necesaria pero no el enfoque principal. Por ejemplo, si quieres aprender más sobre geografía, comienza con juegos de mesa que requieran tal conocimiento.

Si quieres mejorar al esquiar, comienza con competencias pequeñas y locales que te obligarán a mejorar. Si quieres mejorar la escritura, juega algo que requiera una escritura rápida y precisa. Si quieres aprender un idioma más rápidamente, mira programas de televisión que usen un vocabulario más amplio.

Haz que el aprendizaje sea la travesía, no el punto final.

Es importante mencionar que no es sabio depender siempre de la motivación o inspiración. Aunque las consideraciones de arriba pueden enmarcar tus acciones y poner tus metas en contexto para inspirarte, no hay forma de evitar el hecho de que incluso con nuestras metas más preciadas, algunas veces necesitamos algo de disciplina para continuar esforzándonos por ellas. La inspiración, emoción y energía son geniales cuando las posees, pero requieren que estés en un estado mental positivo, lo cual no siempre es posible.

También te coloca en una mentalidad donde tienes un prerrequisito para aprender y enfocarte. Necesitas sentirte inspirado, necesitas sentirte motivado, o necesitas estar en el estado mental correcto. Esto, todos lo sabemos, definitivamente no es siempre posible. Pero, afortunadamente existen muchísimas maneras de abordar una falta de motivación temporal día a día, si sabemos que nuestros objetivos más amplios están en su lugar.

. . .

Quiero entrar en lo que llamo la regla de los 10 minutos.

Funciona de dos maneras. Primero, si no tienes ganas de hacer algo, hazlo solo por 10 minutos. Luego puedes detenerte. Claro que, rara vez te detendrás a los 10 minutos porque habrás acumulado ímpetu y destruido lo que te mantenía en un estado de flojera: inercia.

Segundo, cuando sientas ganas de detener una tarea y renunciar por el día, dale solo 10 minutos hasta que te detengas.

Podrías no continuar mucho después de esto, pero ponerte un límite específico hará que quieras terminar tanto como puedas en ese tiempo y te hará un poquito más productivo, tu motivación podría estar en declive, pero tu disciplina te mantendrá trabajando.

La otra gran lección de este capítulo es que hacerlo, usarlo o aplicarlo es, sin lugar a dudas, la parte más importante del aprendizaje. Recuerda la pirámide del aprendizaje donde los métodos más pasivos de aprendizaje proporcionaban la menor retención de memoria. Cuando aplicas tu conocimiento, estás en la parte participante y activa de la pirámide. Es más trabajo que asegurar y a la mayoría de nosotros nos gusta deslizarnos por el camino de menor resistencia.

Ponerte a trabajar te permite encontrar patrones y hacer conexiones que la observación y el estudio nunca te hubiesen mostrado. Iré tan lejos para decir que nunca dominarás nada sin algo de experiencia de primera mano. Un investigador y científico, sugirió que la regla de dos tercios es la más efectiva al aprender o adquirir una nueva habilidad.

Debes pasar un tercio del tiempo leyendo e investigando y los otros dos tercios haciendo y practicando lo que estudiaste.

Solo puedes aprender hasta cierto punto sobre cómo tocar la guitarra viendo videos y leyendo tutoriales. No esperes ser capaz de tocar como profesional la primera vez que tomas la guitarra si no practicas de manera activa. Si eres un completo neófito, entonces tienes que comenzar a investigar y ponerte al día con los principios fundamentales y límites. Luego vas y lo haces. El conocimiento al investigar por sí solo es inútil sin la experiencia para que lo sostenga. Cuando combinas esto, ganas intuición y juicio, lo que usualmente es la verdadera meta.

Las seis facetas del entendimiento

Entonces, en lugar de perseguir el aprendizaje solo porque sí, perseguimos una meta, o algún entendimiento profundo, y luego nuestro aprendizaje se une a la travesía. Alcanzas ese estado mental envidiable donde mejorar tus habilidades y ganar conocimiento ocurre casi de manera automática, sin que siquiera lo sepas. Esto es más divertido y, sí, mucho más efectivo que obligarte a través de un proceso de aprendizaje que realmente no te importa.

Piensa sobre Einstein en la primera sección. Hoy lo conocemos como un pensador y físico brillante, un ser humano que fue capaz de salirse de los confines intelectuales de la disciplina científica y se vio trabajando desde dentro; alguien cuya mente y contribuciones llevaron al mundo entero a una nueva era de entendimiento.

Ahora, ¿crees que uno de los científicos locos más conocido se sentó un día y decidió acelerar su aprendizaje, para así poder memorizar mejor, leer más rápido o afinar sus habilidades de estudio? ¿Crees que él buscó ser la persona más inteligente y conocedora de la habitación? Nada que ver. Su motivación era mucho, mucho más profunda que esto. Él quería entender genuinamente. Él estaba inspirado y quería aprender más, ver más en el universo, ser capaz de explicar su funcionamiento, ¡la física teórica era su conveniente herramienta!

Así que, para llevar tu aprendizaje al siguiente nivel, debes conectarte con las facetas más profundas del entendimiento que pueden dirigir tu comportamiento, en lugar de enfocarte en las técnicas de aprendizaje como tal. Existen seis de estas facetas, para enfocarte en lugar de hacer que el aprendizaje sea tu meta principal:

Explicación

¿Por qué el sol aparece por el este? ¿Qué pasa en el cuerpo cuando te contagias de sarampión? ¿Por qué ocurrió la Segunda Guerra Mundial? Cuando accedes a la "gran idea" que une todas tus observaciones, estás accediendo a una explicación. Ves el contexto, las conexiones en una red más amplia y esto dirige tu aprendizaje. Ves la psicología de una persona en relación a su familia o cultura, o el comportamiento de un animal en relación al ecosistema al que pertenece.

Esta es la fundación del razonamiento y la teoría: tomamos datos y sacamos una historia de ellos, una historia que explique e ilumine eso sobre lo que estamos hablando. Así que, no te sientas y aprendes algunos hechos sosos, sino que ves estos hechos como parte de un todo más interesante que te ayuda a entender el porqué y cómo de dicho fenómeno.

Interpretación

Miras el arte hecho durante la Segunda Guerra Mundial y, sabiendo lo que sabes sobre ese período histórico, tratas de darle sentido a las imágenes, tratas de ver el sentimiento y significado detrás de los símbolos, jugando con las diferentes interpretaciones. Miras una pieza escrita por el padre del psicoanálisis y consideramos sus afirmaciones a la luz de lo que sabes sobre su relación con su madre. O quizás creas una pieza de música inspirada por una novela; "interpretando" o transmitiendo idus de un medio a otro.

Aplicación

. . .

Podrías estar tratando de aprender sobre la increíblemente aburrida historia legal, o los detalles de alguna legislación política en particular. Podría parecer nada interesante hasta que te das cuenta para qué es usada esta legislación. Algunas personas hacen que el enfoque de su aprendizaje sea la aplicación práctica de una habilidad o conocimiento.

Entonces, entendemos sobre la agricultura para producir mejor comida para alimentar a la nación. Aprendemos a escribir no porque nos importe el idioma como tal, sino porque queremos ser comunicadores más efectivos y queremos expresar nuestro mensaje claramente (el mensaje es lo que importa, ¡no el medio!). Se trata de objetivo y función.

Perspectiva

La historia y la antropología pueden ser aburridas de aprender.

Pero, nunca es aburrido imaginar, por ejemplo, cómo se veía el mundo en la Edad de Piedra o imaginar a personas que tenían una manera completamente diferente a la tuya de existir en el mundo. ¿Cómo se ve tu argumento desde "el otro lado"?

¿Cómo es percibido tu argumento por personas que están completamente en desacuerdo contigo?

Cuando aprendemos a ganar perspectiva, ampliamos nuestra propia visión y esto nos puede otorgar el regalo del pensamiento crítico. Vemos nuestras propias suposiciones y parcialidades más claramente, y usamos nuestro aprendizaje para hacer algo mágico; acceder a los mundos internos de otras personas.

Empatía

Relacionada a esta faceta del entendimiento está la empatía, o la habilidad para sentir la experiencia de alguien más, y no solo comprenderla intelectualmente. Piensa en la etóloga inglesa y mensajera de la paz de las Naciones Unidas y todo el progreso que logró en entender el comportamiento animal porque abordó su trabajo con una curiosidad gentil y compasiva por los animales con los que trabaja. Su entendimiento era motivado por la empatía.

. . .

Nosotros subestimamos cuán a menudo la empatía inspira nuestro aprendizaje y entendimiento. Después de todo, la empatía es simplemente entender a nuestros compañeros seres humanos, no sólo a través de humanidades y arte, sino entender a cualquiera que sea diferente a nosotros, sean niños, animales, personas del pasado o aquellos con una cultura totalmente diferente.

Autoconocimiento

Finalmente, podemos ser motivados a aprender por el deseo de entendernos a nosotros mismos mejor. Muchos teóricos, científicos y filósofos sociales han comenzado con sus propias vidas como un punto de partida, descubriendo involuntariamente algo sobre el mundo más grande cuando se dispusieron a entender el mundo dentro de ellos mismos.

¿Cuántos psicólogos han aprendido lo que saben porque querían entender sus propios cerebros, personalidades o traumas?

. . .

Un historiador podría estudiar un evento pasado debido al efecto que tuvo sobre sus bisabuelos, un científico podría desenmarañar los misterios de un trastorno genético que su propio hijo padece; una abogada podría indagar en un área en particular de la ley precisamente porque se relaciona con errores personales a los que ella misma está tratando de darle sentido.

Estas seis facetas del entendimiento no poseen jerarquía alguna, ninguna es mejor que la otra Aprender es el cómo, pero entender es el por qué. Aquellos que se embarcan en el aprendizaje sin esa meta profunda de entendimiento podrían encontrarse con que su trabajo es superficial y poco atractivo, pero, aquellos que son motivados por un deseo genuino de saber más, podrían descubrir que están ensimismados en su trabajo.

Aprendizaje basado en la resolución de problemas

Existe una leyenda urbana sobre unos herreros novatos. Su profesor les pide que esculpan una compleja estructura a partir de un sólido bloque de metal usando solo las herramientas manuales que tenían a disposición Luego de completar este tedioso y aparentemente imposible problema, ¿qué crees que lograron los estudiantes? Se volvieron verdaderos expertos con las herramientas manuales.

A través de la resolución de un problema o búsqueda de una meta, el aprendizaje se vuelve inevitable.

El aprendizaje basado en resolución de problemas es donde comienzas con un problema que necesita ser resuelto, y fuerzas el aprendizaje a través del proceso de resolver ese problema.

Tratas de conseguir una meta que necesita aprendizaje. En lugar de disponerte a aprender "X", la idea es establecer una meta de resolver un problema "Y" y, en el proceso, aprender "X" Claro que, esto es pura transferencia de aprendizaje.

Usualmente aprendemos información y habilidades de una manera lineal. En la escuela, se usa comúnmente un acercamiento tradicional. se nos proporciona material, lo memorizamos y se nos muestra cómo esa información resuelve un problema. Esto podría incluso ser cómo estructuras tu aprendizaje cuando estás por cuenta propia; porque no sabes nada diferente.

El aprendizaje por resolución de problemas requiere que identifiques lo que ya sabes sobre el problema y qué conocimiento y recursos sigues necesitando para descubrir cómo y dónde obtener esa nueva información, y finalmente armar una solución para el problema. Esto es muy diferente del acercamiento lineal de la mayoría de las escuelas. Podemos sacar algo de mis fallidas escapadas románticas cuando era adolescente para ilustrarnos.

Quería impresionar a Jaqueline de la clase de inglés. Era una motivación noble y poderosa que ha sido el impulso de muchos cambios en la vida de un joven (y viejo) hombre.

Estábamos en la misma clase de inglés, y tenía la buena fortuna de estar sentado justo detrás de ella. Resulta que ella no estaba muy interesada en inglés, así que constantemente miraba hacia atrás y me pedía ayuda.

Primero me quedaba atrapado en sus ojos, pero luego mi espíritu se caía porque me daba cuenta de que no tenía idea de cómo responder sus preguntas. ¿Qué tal si les preguntaba a los otros chicos de la clase? ¡No quería eso!

Con esto en mente, comencé a estudiar y aprender inglés para que ella tuviera más razones para continuar hablándome. Es increíble lo que puedes hacer cuando tienes la motivación apropiada, y yo probablemente logré hablar fluido más rápidamente que cualquiera de la clase ese año. Es más, yo buscaba frases inciertas o complejas sólo para impresionarla, en caso de que tuviera la oportunidad.

Creé un set masivo de tarjetas. Comenzaban con una palabra en la parte de atrás de cada tarjeta, pero para el final del año escolar tenían de tres a cuatro oraciones en la parte de atrás, todas en inglés. Conseguí la puntuación más alta de la clase, una de las pocas en mi carrera de secundaria, pero nunca logré nada con Jaqueline.

Este es un caso clásico de aprendizaje por resolución de problemas. Quería resolver el problema de X (Jacqueline), pero terminé aprendiendo Y (inglés) en el proceso.

. . .

Claro que, la clave para nosotros es ser deliberados sobre el problema al que le dedicas tiempo para resolver, así que lo que aprendes te ayuda a lograr lo que quieres. Puede ser tan simple como querer dominar una nueva escala en la guitarra e intentar tocar una canción difícil que incorpore esa escala. Puedes ver cómo enfocarte en resolver un problema puede ser más útil y educativo que simplemente leer un libro de texto o escuchar una clase. Definitivamente hay algo que decir sobre la experiencia de primera mano.

El aprendizaje por resolución de problemas ha existido de algún modo u otro desde un revolucionario libro de 1916. Una de las premisas básicas del libro era aprender con la práctica.

Demos un salto rápido a los años 60, cuando el aprendizaje por resolución de problemas tuvo su inicio moderno. Las escuelas de medicina comenzaron a usar casos y ejemplos reales de pacientes para entrenar a los futuros doctores. Ciertamente, es así como muchos estudiantes de medicina siguen aprendiendo para diagnosticar y tratar pacientes. En lugar de memorizar una infinita reserva de hechos y cifras, los estudiantes de medicina pasaron por el proceso de diagnóstico y recopilaron información en el camino. Eso es ejercitar un músculo diferente más allá de leer y escribir notas.

¿Qué preguntas deberían hacerle al paciente? ¿Qué información necesitan del paciente? ¿Qué pruebas deben hacer? ¿Qué significa el resultado de esas pruebas? ¿Cómo los resultados determinan el curso del tratamiento?

Al hacer y responder todas estas preguntas en el proceso de aprendizaje por resolución de problemas, los estudiantes de medicina básicamente aprenden a tratar a los pacientes.

Imagina que a un estudiante de medicina se le presenta el siguiente caso: un hombre de 66 años entra a la oficina quejándose de una reciente falta de aliento. ¿Cuáles son los siguientes pasos para este lienzo en blanco?

En adición a los historiales médicos, familiares y sociales, el estudiante querrá descubrir por cuánto tiempo han estado ocurriendo los síntomas, a qué hora del día, qué actividades llevaron a la falta de aliento, y si hay algo que lo empeore o mejore. El examen físico se convierte entonces en algo enfocado en el problema. Revisar presión sanguínea, escuchar el corazón y pulmones, revisar piernas en busca de edemas, etc.

Luego el estudiante determinaría si hay que realizar alguna prueba de laboratorio o rayos X. Y luego, de acuerdo a esos resultados, el estudiante elaboraría un plan para el tratamiento. Y eso es solo para comenzar.

Si el instructor quisiera que el estudiante aprendiera sobre cómo lidiar con potenciales problemas del corazón, lo logró. Al aplicar sus habilidades de investigación en casos del mundo real, el aprendizaje fue más realista, más recordable y más participativo para los estudiantes de medicina.

Estudios han mostrado que cuando el aprendizaje está basado en problemas para estudiantes de medicina, el razonamiento clínico y las habilidades de resolución de problemas mejoran, aprender es más profundo y los conceptos son integrados para un mejor entendimiento del material en general.

. . .

El aprendizaje basado en resolución de problemas obliga a los estudiantes a hacerse cargo de la solución y enfoque, y absorben un concepto o grupo de información de una manera completamente diferente. En lugar de simplemente resolver X, deben elaborar una ecuación completa que los lleve a X. Esto involucra un profundo sentido de exploración y análisis, de los cuales ambos llevan a un mayor entendimiento que la simple repetición mecánica.

El aprendizaje por resolución de problemas también lleva a una mayor automotivación porque en lugar de aprender solo porque sí, hay un asunto de vida real en juego, con consecuencias de vida real.

Viviendo en el "mundo real", típicamente no recibimos casos ni se nos asignan proyectos grupales (al menos no en el sentido de la frase de escuela primaria), que ayuden en nuestras metas de aprendizaje. Lo sepamos o no, podemos ponernos en una posición para mejorar nuestro aprendizaje al dirigirlo a objetivos específicos. Lo que sigue son algunos ejemplos de cómo encontrar un problema que necesite mayor aprendizaje de tu parte.

Planificación de comida. Por ejemplo, quieres resolver un problema de cenas atrasadas y agitadas. Eliges esta tarea porque, además de resolver el problema de estrés y ansiedad innecesarios, aprenderás a ser un mejor cocinero con todo el sentido de la palabra. Quieres resolver X (comidas estresantes), pero en el camino también aprenderás Y (cómo cocinar mejor).

Entonces, ¿qué pasos tomarías para volverte más diestro en la cocina? Una manera sería implementar un sistema de planificación de comida que te permita probar nuevas recetas y técnicas. Primero, determinar lo que ya sabes sobre el problema: tu familia necesita comer. Está bien que las recetas inicien sencillas y luego más complejas. Necesitas ingredientes para hacer esas recetas, un cronograma de qué comida servir y cuándo, y una estrategia para cómo abordarás las técnicas más avanzadas.

¿Qué sigues necesitando saber? Necesitas las recetas como tal y listas de ingredientes. Necesitas algún tipo de plan organizado para cuando sirvas cada comida, probablemente un calendario. Podrías querer identificar habilidades específicas que quieres adquirir.

¿Dónde obtendrás nueva información para ayudarte a resolver este problema? Quizás comienzas preguntándole a tus familiares sobre sus tres comidas favoritas. Luego saltas a Pinterest para encontrar algunas recetas. Desde allí, hace una lista de ingredientes, quizás en un cuaderno, o en un documento en tu computadora, o una app de compras que consigas. Luego pones tus comidas en un calendario.

Nuevamente, puedes hacer esto en tu computadora o podrías encontrar un planificador de comida imprimible o una app. Y quizás quieres explorar el pedido en línea de ingredientes con entrega o recogida para ahorrar aún más tiempo (y probablemente los gastos por impulso). Necesitarás resolver cómo aprenderás nuevos enfoques en la cocina: leyendo, a través de videos de You Tube, asistiendo a una clase, etc.

Al hacer un plan estratégico para mejorar tus habilidades de cocina, ¡haz resuelto el caos de la hora de comida usando el aprendizaje basado en resolución de problemas! Identificaste lo que ya sabías (tus ideas sobre qué nuevas habilidades querias aprender, ideas de comidas, recetas, lista de ingredientes), descubriste lo que necesitabas saber (las técnicas como tal, recetas específicas, listas de ingredientes, un calendario de comida), y donde encontrar esa información (familiares, apps, libros, en línea, computadora, etc.)

. . .

No solo has creado un plan para las futuras comidas de tu familia, has ideado una estrategia a usar de ahora en adelante semana tras semana, mes tras mes, todo mientras aprendes nuevas técnicas y mejoras tus habilidades en la cocina Al desa rrollar una estrategia de planificación de comidas, estás ahorrando tiempo y dinero, y podrías ver una reducción en el caos y un incremento en la satisfacción de la familia con las comidas. Llámalo matando dos pájaros de un tiro.

El aprendizaje basado en resolución de problemas proporciona un esquema útil para una forma razonable y organizada de abordar un problema, reto o dilema para poder aprender una nueva habilidad o nueva información.

Puedes pensar en el aprendizaje por resolución de problemas como una serie de pasos como se demuestra en los ejemplos de arriba.

1. Define tu problema.
2. Determina lo que ya sabes.
3. Haz una lista de potenciales soluciones y escoge la que tenga más probabilidad de tener éxito.
4. Desglosa los pasos en elementos de acción (una línea de tiempo a menudo ayuda)

5. Identifica lo que sigues necesitando saber y cómo obtendrás esa información.

Existen algunas ventajas claras del aprendizaje basado en resolución de problemas. No solo tendrás una mejor retención de lo que has aprendido, en general ganarás un entendimiento profundo del problema y las soluciones mayor a que si hubieses tomado un acercamiento menos enfocado. Aunque podría parecer que el enfoque basado en problemas tiene demasiados pasos y tardará mucho, generalmente tiende a ahorrarte tiempo a la larga ya que no estás probando soluciones menos pensadas de manera aleatoria, una tras otra. Planificar y formular un plan sistemático básicamente te ahorra tiempo ¡y a menudo dinero también! Ese es el beneficio de resolver directamente un problema, llegas al corazón de lo que importa.

El aprendizaje basado en resolución de problemas puede ser aplicado a la mayoría de los aspectos de tu vida. Podrías tener que ponerte creativo sobre cómo diseñar una solución o meta en torno a algo que quieres aprender, pero este es el tipo de técnica de aprendizaje que impulsará tu progreso.

Gamificación

. . .

Otra manera de hacer que el aprendizaje sea relevante y motivador para ti es el concepto de gamificación. La gamificación es cuando aplicas los principios que hacen que los juegos sean adictivos a contexto no relacionados con juegos. Por ejemplo, la gamificación en un entorno de oficina podría permitir a personas "subir de nivel" si trabajan un cierto número de horas o si completan cierto número de tareas. Esto serviría para motivar a las personas en dos frentes: para la arbitraria subida de nivel y lograr la tarea como tal.

Muy a menudo, las personas tienen dificultad para motivarse estrictamente por deber u obligación. Allí es donde es mejor usada la gamificación; si puedes hacer que alguien se enfoque en subir de nivel, puedes motivarlos a hacer sus tareas como un resultado colateral de querer subir un nivel. Por ejemplo, digamos que por cada venta que alguien haga, gana un punto.

Si acumula suficientes puntos, su título es ascendido de salmón de ventas, a atún de ventas, a tiburón de ventas, a orca de ventas, a pesca dor de ventas. La idea detrás de la gamificación es hacer que a las personas les importen estos niveles y, en el proceso, hacer que les importe su número de ventas.

. . .

Esto lo ves todo el tiempo con puntos, medallas de honor, programas de lealtad y premios para aquellos que suban en rango. En realidad, no se trata de los puntos o medallas en lo absoluto; se trata de motivar a las personas a realizar la acción subyacente que les conseguirá los puntos o medallas.

Se trata de tener un marcador externo de tu progreso, que casi se vuelva adictivo. El sentimiento de avanzar por un curso establecido y mejorar gradualmente puede ser muy motivador, puede mantener a las personas desafiando sus propios límites.

La gamificación crea un suelo extremadamente fértil para el aprendizaje porque hace que las personas olviden el desagradable trabajo del que son parte. En lugar de eso, se enfocan en ganar puntos y ganan cias en general.

Puedes crear el efecto de que de hecho estás siendo recompensado cuando aprendes, opuesto a sentir molestia y agotarte.

Tomemos un famoso ejemplo que ha dirigido literalmente millones de dólares en ingresos: el juego de mesa de una de las cadenas de comida rápida más famosas del mundo, con una M amarilla gigante. Este juego es una estrategia de gamificación donde los clientes reciben etiquetas cada vez que compran algo en ese restaurante. Las etiquetas podían ser usadas de dos maneras. La primera, podían ser usadas para completar un tablero del mismo juego, y mientras más completo estuviese, más oportunidad tenías de ganar un premio. La segunda, ciertas etiquetas por sí solas concedían recompensas y regalos como hamburguesas y bebidas gratis.

Para muchos se volvió una obsesión tratar de completar los tableros u obtener los premios gratis; lo que podía ser logrado simplemente gastando un poco más en ese restaurante.

El resultado que esa cadena deseaba era claramente incrementar sus ingresos y, al hacer que las personas se enfocaran en progresar en el juego, distrajeron a las personas del hecho de que estaban gastando mucho más dinero en la comida de lo que hubiesen gastado de otra manera. Las personas podían ver y saborear su progreso en el juego; visualmente a medida que iban completando sus tableros y a través del sabor porque literalmente obtenían bebidas gratis más o menos frecuentemente.

. . .

La comida gratis era una recompensa a corto plazo e inmediata que mantenía a las personas regresando a diario, mientras que la completación del tablero era una recompensa a largo plazo que mantenía a las personas regresando anualmente; le dio significado a toda la aventura. Tener ambas recompensas era crítico porque juntas abordaban el aburrimiento a corto plazo y la falta de refuerzo positivo a largo plazo.

Debido a la estrategia de gamificación, las personas ignoraron el hecho de que esencialmente estaban gastando mucho en el restaurante por una recompensa muy poco tangible; la recompensa era avanzar en el juego como tal. En el 2010, la cadena incrementó sus ventas un 5.6% en los Estados Unidos solamente usando esta estrategia. Es similar a cómo los juegos en un carnaval pueden ser tan rentables. Las personas pagan una suma para lanzar pelotas y derribar una pirámide de latas por un precio que vale menos de un dólar. Pero, no se trata del valor del premio, sino de lograr la meta de derribar la pirámide.

No se trata del sufrimiento de aprender, se trata del juego y tu propio progreso. Todo lo demás se vuelve secundario, pero, aunque no es tu preocupación principal, igual ocupará una parte de tu ancho de banda mental. Ese dulce sentimiento de avanzar al siguiente nivel es una gran recompensa psicológica.

La anticipamos, luego la sentimos, y luego inmediatamente buscamos más al tratar de subir de nivel una vez más. Es adictivo.

¿Cómo puedes gamificar tu aprendizaje y crear incentivos a corto y largo plazo? No es necesariamente darte niveles y medallas a ti mismo, ya que eso no funciona realmente de la misma manera cuando es autogenerado. Esto puede variar de persona a persona, y podría ser más efectivo involucrar a otros.

Uno de los mejores ejemplos es algo que yo personalmente he experimentado en forma de monitor de entrenamiento.

Naturalmente, hay ocasiones cuando la gamificación es menos apropiada; incluso la persona más entusiasmada y competitiva se aburrirá pronto de los puntos, medallas y niveles si ven que no se relacionan con algo real. La gamificación es una herramienta increíble para motivarte a ti mismo a disfrutar lo que ordinariamente sería un trabajo duro; pero nunca puede reemplazar la necesidad de decidirte por una meta que de verdad valga la pena. Por otro lado, si puedes combinar una meta que valga la pena con la gamificación ocasional obtienes lo mejor de ambos mundos.

En un mundo ideal, aprender por cuenta propia sería lo que nos motive a todos. ¿No es un sentimiento maravilloso estar enriquecido y ser conocedor de las costumbres del mundo? ¿No es una pena que haya habido tantos libros escritos en la historia de la humanidad y que, incluso si dedicas todo tu tiempo libre a leer, no impactarías ese número?

Bueno, entonces no habría necesidad de libros como este.

Aprender es más efectivo. cuando no tienes que pensar sobre el acto de aprender.

Enseñanzas

- Una forma infalible de mejorar tu aprendizaje es actuando de manera que no se sienta que estás aprendiendo en lo absoluto. Cuando haces que el aprendizaje sea secundario, como al hacer que tu adquisición de una habilidad o conocimiento sea un efecto secundario de alguna otra tarea que no puedas evitar sino dejarte llevar por ella, aprendes más rápidamente y más fácilmente.

- Es más probable que alcancemos nuestras metas específicas cuando somos motivados por un deseo más profundo y extenso de entender lo que estamos aprendiendo. Existen. seis facetas de entendimiento y todas van más allá de lo superficial.
- Podemos ser motivados por la explicación (¿por qué ocurre XYZ?), la interpretación (¿cómo pueden estos datos ser cambiados de la forma X a la forma Y?), la aplicación (¿qué puedo realmente hacer con este conocimiento?), la perspectiva (¿de qué otra manera puedo ver esto?), la empatía (¿cómo lo está viendo otra persona?), y el autoconocimiento (¿quién soy?).
- Si podemos acceder a nuestra motivación más poderosa para entender el material frente a nosotros relacionado con nuestra motivación, somos más capaces de encontrar energía, entusiasmo y comprensión para nuestros estudios.
- El aprendizaje basado en la resolución de

problemas es una manera de enfocarse en la aplicación de conocimiento del mundo real. Esto nos involucra en el mundo práctico de problemas y soluciones, causa y efecto. Nos volvemos ensimismados porque queremos seguir adquiriendo dominio y habilidad.

- La gamificación es una manera de hacer que el aprendizaje sea divertido y casi accidental. La gamificación usa principios de juegos en un contexto para nada relacionado con juegos. Los juegos funcionan mejor cuando las reglas están claras, hay un progreso obvio y lineal desde el paso a paso y las recompensas son inmediatas y proporcionales. La gamificación es genial para complementar una motivación agotada, y hacer que el estudio diario sea más divertido y placentero. Sin embargo, no puede reemplazar por completo una motivación u objetivo más profundos.

5

Enseñando Para Aprender

Podrías preguntarte por qué un libro sobre aprendizaje incluiría un capítulo sobre enseñar. En vez de decir que la enseñanza y el aprendizaje son opuestos, se puede decir que son realmente dos aspectos del mismo proceso; al entender ambos, obtenemos una apreciación más completa que si hubiéramos examinado el tema desde un solo lado.

Existe un valor inesperado en observar cómo otros sintetizan la información.

Primero, verás cómo alguien más aprende y absorbe información. Algunas veces puedes literalmente ver cómo se ilumina el rostro de alguien cuando entiende, y no existe un logro pequeño en el proceso de aprendizaje.

Segundo, verás cómo el acto de enseñar mejora el aprendizaje del profesor.

Al observar cómo las personas sintetizan información, puedes mejorar cómo lo haces tú. Entender ambos lados de la moneda es un ejercicio útil. Esto, por supuesto, es el proceso de enseñar a otros para que te ayuden a aprender. Este capítulo es sobre cómo el aprender para enseñar a otros de manera efectiva es un gran método de aprendizaje en sí; y una buena habilidad para poseer en general.

La pirámide de aprendizaje

La infame pirámide de aprendizaje, también llamada "cono de experiencia", aclara por qué ser capaz de enseñar es vital. De hecho, mucho de lo que hablamos gira en torno al espectro de un aprendizaje más pasivo como menos útil y más activo como más impactante. Esto es lo que abarca la pirámide de aprendizaje.

Algunos podrían tomarlo como la pura verdad, pero los números son mejor si son vistos como lineamientos aproximados. Sin embargo, siguen mostrando los diferentes resultados de nuestras actividades de aprendizaje, como lo retienen los aprendices:

- 90% de lo que aprenden cuando enseñan a alguien más o usan sus habilidades inmediatamente.
- 75% de lo que aprenden cuando practican lo que aprendieron.
- 50% de lo que aprenden cuando participan en discusiones grupales.
- 30% de lo que aprenden cuando ven una demostración.
- 20% de lo que aprenden por medios audiovisuales.
- 10% de lo que han aprendido leyendo.
- 5% de lo que han aprendido de una lección.

Estos números no son exactos o necesariamente probados. Como con muchas teorías o módulos modernos de información, la pirámide de aprendizaje enfrenta su parte de inconformistas. Sin embargo, sí muestra una tendencia general que es cierta: mientras más involucrado estés, más aprendes. Más activo y más deliberado es mejor.

. . .

Sin duda alguna, enseñar es uno de los tipos de interacción más participativos y no pasivos con nueva información que podemos tener. Así como la autoexplicación y la técnica de Feynman, enseñar a alguien no solo afianza información en tu mente, te obliga a ver lo que realmente puedes explicar y lo que no. Enseñarte a ti mismo está bien, enseñar a otros es incluso mejor.

Enseñar expone las brechas en tu conocimiento. Tener que instruir y explicar no te permite esconderte detrás de generalizaciones. "Sí, sé cómo funciona todo eso. Por ahora lo saltaré". Eso no funcionará si le estás explicando un proceso a alguien más; tienes que saber cómo funciona cada paso y cómo cada paso se relaciona con el otro.

También estarás obligado a responder preguntas sobre la información que estás enseñando y a poner en orden las relaciones exactas entre las ideas.

Tener que explicar lo que está pasando es esencialmente una prueba de tu conocimiento y lo sabes o no lo sabes. Si no puedes explicarle alguien cómo repetir algo que estás enseñando, entonces tú realmente no lo sabes. Por la razón que sea, es más fácil creer que entiendes algo mejor hasta que eres obligado a probarlo.

. . .

Tomemos la fotografía como un ejemplo. De acuerdo con la pirámide de aprendizaje, lecturas y lecciones combinadas toman hasta un 15% de tu conocimiento retenido, lo cual tiene sentido: solo puedes aprender una ínfima cantidad de información sobre fotografía de un libro de texto o un facistol. La ayuda audiovisual y ver demostraciones de cómo se ven ciertos ángulos, cómo usar computadoras para filtrar una copia son formas más útiles de aprender a tomar y procesar ciertas fotos.

Un grupo de discusión sobre fotografía desbloquearía más ideas recordables y, por supuesto, pasar tiempo practicando la toma y desarrollo de fotos logra impresiones sólidas en tu experiencia.

Ahora bien, examinemos la parte inferior (o superior, dependiendo de tu vista) de la pirámide en relación a enseñar a otros.

Estás reforzando el conocimiento básico y explicando los principios, tipos y lineamientos generales de la fotografía.

. . .

En teoría, estás supervisando todos los segmentos superiores (o inferiores) de la pirámide para estudiantes y usando tu conocimiento del proceso de fotografía como poste indicador para todos ellos. Y esto ni siquiera incluye el tiempo de preinstrucción cuando te estás preparando para tu propia clase.

Todas esas actividades de aprendizaje son agentes activos que recurren a lo que ya sabes y, ¿recuerdas cuando dijimos que consigues más de sacar algo de tu cerebro que introduciendo algo? Eso es exactamente lo que está pasando con ese nivel del 90% de la pirámide. Estás extrayendo activamente tu conocimiento previamente aprendido, enviándolo, y remodelándolo para que otros entiendan y aprendan. A cambio, eso refuerza lo que sabes y profundiza tu experiencia en el proceso.

Es común que incluso te sorprendas a ti mismo y encuentres conocimiento adicional al explicar y razonar en voz alta de una manera que simplifique y condense. Poner conceptos vagos en palabras e imágenes concretas pueden a menudo tener un efecto clarificador sobre tu entendimiento, sin mencionar el de tus estudiantes. Enseñar te obliga a crear piezas de información pequeñas y a enseñar la réplica; una tarea que puedes encontrar mucho más diferente que explicar teorías o conceptos.

. . .

El efecto protégé

"Enseñar para aprender" no es un concepto radical ni particularmente innovador. En el campo de la educación, ya es reconocido como una de las mejores maneras de aprender.

Pero, existe otro elemento sobre por qué enseñar puede ser tan útil para el profesor.

Estudios recientes han dado lugar al surgimiento de algo que los investigadores llaman el "efecto protégé". Este proceso muestra que las personas que enseñan a otros trabajan más duro para entender, recordar y aplicar material de manera más precisa y efectiva. Hay algo en el trabajo requerido para expandir tu conocimiento y entendimiento hacia otra mente que te vuelve más creativo, empático y de mente más amplia.

Los tutores en general por con siguiente consiguen mejores puntuaciones en pruebas que sus contrapartes no tutoras. ¿A qué crees que se deba esto?

. . .

Para incrementar la utilidad de este efecto, los científicos han desarrollado pupilos virtuales para que los estudiantes enseñen.

Estos estudiantes virtuales son conocidos como "agentes enseñables". Los investigadores de la Universidad de Stanford, la cual es como un invernadero de este tipo de tecnología, explica agentes enseñables de la siguiente manera:

Los estudiantes enseñan a sus agentes al crear un mapa conceptual que sirve como el "cerebro" del agente. Un motor de inteligencia artificial permite que el agente responda de manera interactiva las preguntas que se le plantean al atravesar los enlaces y nodos en su mapa.

A medida que el agente razona, también anima el camino que sigue, proporcionando así una valoración, así como un modelo de pensamiento visible para los estudiantes. Los estudiantes pueden entonces usar la valoración para revisar el conocimiento de su agente (y, consecuentemente, su conocimiento).

. . .

Los estudiantes que trabajan con un agente enseñable están por ende en el lado opuesto de donde usualmente están en el típico paradigma de enseñanza; en lugar de ser estudiantes, son el profesor. Los agentes enseñables sirven como modelos de estudiantes, y como con todos los estudiantes activos, pueden hacer preguntas e incluso dar respuestas erradas. Las pruebas han mostrado que los estudiantes usando los agentes enseñables superan con creces a sus compañeros que solo han estudiado por su cuenta, sin tener a los agentes enseñables como fuente de retroalimentación.

Los científicos de Stanford estudiaron los efectos de los agentes enseñables sobre estudiantes de biología de octavo grado. A algunos estudiantes se les pidió que aprendieran conceptos biológicos para que pudieran enseñarles a los agentes enseñables. Al resto se les pidió que desarrollaran un mapa conceptual en línea para demostrar cómo estaba organizado su entendimiento de los conceptos. Los resultados mostraron que los estudiantes que trabajaron con los agentes enseñables pasaron más tiempo abordando el concepto y mostraron más motivación para aprender. De manera sencilla, los estudiantes pusieron mayor esfuerzo en aprender para "enseñar" a sus agentes enseñables sobre el esfuerzo puesto para ellos mismos.

. . .

Sintieron la responsabilidad más allá de ellos mismos, y esto hizo que se esforzaran un poco más en cuanto a su experiencia.

¡Los protégé dependen de ti!

Los científicos en Stanford le atribuyeron tres factores al poder del efecto protégé:

Protector de ego: esto es como un escudo psicológico que permite a los estudiantes examinar el fracaso sin sentir los sentimientos negativos que típicamente produce. Esta puede ser una fuerza metacognitiva poderosa ya que los estudiantes son más propensos a reflexionar sobre su aprendizaje sin el pinchazo emocional de la decepción. Es casi como un curso intensivo para cultivar la mentalidad de crecimiento aceptando el fracaso productivamente.

Visión de inteligencia incrementalista: cuando el proceso de aprendizaje es dirigido externamente para apoyar el aprendizaje de alguien más, los estudiantes pasan más tiempo examinando su propio entendimiento. Esto ayuda a los estudiantes a ver cómo el revisar y repasar su conocimiento puede impactar su propio aprendizaje.

Sentido de responsabilidad: enseñar a otra persona o, en este ejemplo, al agente enseñable virtual, motiva a los estudiantes a tener más control sobre su propio proceso de aprendizaje.

Cuando se dan cuenta que lo que dicen será absorbido por otra unidad pensante, son más meticulosos sobre la información correcta para comenzar. El aprendizaje siempre va a ser más efectivo cuando adoptamos una actitud de consciencia y control activo sobre el proceso, lo cual es algo que los profesores son impulsados a hacer naturalmente.

No todos los que somos profesores o tutores tenemos la oportunidad de compartir nuestro conocimiento directamente con estudiantes dispuestos. Sin embargo, gracias nuevamente al milagro de la tecnología, puedes encontrar una plétora de sitios en línea con paneles de mensajes o foros, todos llenos de preguntas que puedes responder (o al menos encontrar la respuesta a las preguntas).

. . .

Un buen sitio para comenzar, a pesar de su naturaleza un poco revoltosa, donde los usuarios simple y literalmente hacen preguntas a la conciencia colectiva del Internet. Muchas preguntas son bastante generales, y algunas sirven de carnada para los troles o fanáticos, pero son filtradas fácilmente y te quedan un montón de consultas genuinas buscando respuestas serias. Una manera buena y casi graciosamente rápida de compartir información con otros; y lo que es más importante, te permite cosechar las recompensas del efecto protégé y aprender mejor.

Otorga una buena valoración

Cuando aprendemos con la intención de enseñar, desglosamos el material en partes pequeñas y entendibles para nosotros mismos. También somos forzados a examinar el tema desde un punto de vista más crítico y razonable para mejorar nuestra comprensión. Debemos ser capaces de separar acciones, comportamientos y pensamientos y de conducir a las personas por los caminos correctos. Debemos tener en mente la meta más amplia, incluso mientras abordamos los pequeños detalles y tareas en el camino.

. . .

Proporcionar valoración es un aspecto clave en este sentido, ya que sirve para regular y dirigir el procesamiento de aprendizaje. También te impulsa a trabajar en proporcionar valoraciones honestas, productivas y útiles. Pero, no toda la valoración se crea de igual manera; una valoración pobremente considerada puede ser tan inútil como el criticismo o los ataques, resultando solo en ansiedad o sentimientos negativos. Existen un par de puntos que son importantes en el acto de proporcionar una valoración beneficiosa:

Sé específico: los profesores de la Universidad de Auckland, enfatizan la importancia de dar a los aprendices información bastante específica sobre lo que están haciendo bien o mal. Generalidades como "¡buen trabajo!", no contienen mucha información valiosa sobre lo que el aprendiz hizo bien; mientras que una vaga afirmación como "aun te falta un poco" no proporciona aporte alguno sobre cómo el estudiante puede hacerlo mejor la próxima vez.

Por consiguiente, los investigadores sugieren tomar un par de minutos extra para proporcionar a los aprendices información sobre lo que hicieron bien exactamente y dónde deberían mejorar.

Nombra los pasos que lograron la mayor impresión

sobre ti: "me gustó lo directo y ordenados que estuvieron tus cálculos", "tuviste un control real de los hechos en esta historia", o "parecías un poco ansioso cuando hablabas de los números, pero eso puede ser arreglado". También puede ser de gran ayuda decirles a los aprendices lo que están haciendo de manera diferente a la de antes.

Mientras más pronto mejor: la valoración siempre es más efectiva cuando es proporcionada lo más inmediato posible, en lugar de días, semanas o meses después. Un estudio que comparó la valoración retrasada con las inmediatas demostró un incremento significativo en el desempeño de aquellos que recibieron una evaluación instantánea. Otro proyecto de la Universidad de Minnesota demostró que los estudiantes que recibieron muchas valoraciones sin retrasos fueron capaces de entender mejor el material que acababan de leer.

La valoración retrasada crea una distancia psicológica entre el final de una actividad y el momento de aprendizaje, y ese lapso de tiempo solo puede debilitar el impacto de la valoración. Es mejor negociar con tu cronograma y proporcionar una valoración rápidamente para asegurarte de que las su gerencias y opiniones serán lo más comunicables y entendidas.

. . .

Ata la valoración a una meta: los mismos profesores notaron que una valoración efectiva a menudo está más orientada a logros específicos hacia los que avanzan los estudiantes.

Tu valoración debe ser claramente entendida en términos de cómo ayudará a los estudiantes a progresar hacia su objetivo final. "Este ensayo debe ser una parte integral de tu proyecto final", "tu uso de capas se está acercando a una licencia de cosmetología", y así sucesivamente. Es alentador tener recordatorios de eso por lo que estás trabajando.

Sé cuidadoso: tu valoración tiene que ser proporcionada de una manera que anime y no desaliente. Algunas personas son mucho más sensibles que otras a las valoraciones negativas, y nunca hay punto en hacer que otros se sientan denigrados o avergonzados. Ofrece una valoración de manera que no haga que las personas teman escucharla.

En otras palabras, algunas veces tendrás que endulzar tu respuesta. No es fácil ca minar la línea entre lo honesto y lo útil. En momentos de proporcionar valoración, trata de imaginar cómo querrías escucharla si estuvieras en un estado de confianza moderada.

Necesitarás practicar un poco la sensibilidad y el tacto, pero también tener suficiente imaginación para considerar dónde está realmente tu estudiante y que sería mejor que escuchara. Su personalidad, edad, tema y nivel de dominio, todo te ayuda a decidir cómo encarnas tu valoración.

La valoración positiva estimula los centros de recompensa del cerebro, dejando al recipiente abierto para aceptar una nueva dirección.

Por otro lado, la valoración negativa indica que deben hacerse ajustes e implica que el esfuerzo inicial no fue satisfactorio, lo que activa los instintos defensivos.

Esto no significa que tienes que evitar la valoración negativa o correctiva por completo. Solo asegúrate de que la presentas de manera respetuosa y sugiere soluciones y resultados. "Estoy consciente de que tienes problemas con esta parte de la lección, pero estoy seguro de que tienes los recursos para abrirte camino", o "los errores son parte de este proceso y todo el mundo los comete; y hemos llegado al otro lado del camino completamente bien".

La valoración es una excelente oportunidad para modelar para tu estudiante la actitud óptima ante el fracaso o desafío.

Cuando comunicas que el aprendizaje es placentero y que cometer errores o estar "en una curva de aprendizaje" es normal e incluso deseable, entonces motivas lo mejor de estudiante; y aprendes a hacer lo mismo para ti.

Finaliza con un plan: Al final de tu sesión de valoración, asegúrate de que hay un plano de pasos ejecutables con los cuales avanzar. Sin ellos, no hay un objetivo real de tu valoración. Un plan para poner tus lineamientos en movimiento crea una resolución positiva e incluso optimista que ambas partes pueden anhelar. Por ejemplo, "ahora que has llegado hasta aquí, vayamos más despacio hacia la siguiente propuesta y comparemos cada parte con nuestro criterio".

Consiguiendo valoraciones de otros

. . .

Finalmente, ¿qué hay de nosotros? La expectativa de escuchar una valoración puede ser una fuente de estrés, por lo cual puede ser difícil pedirla. Sin embargo, mientras más tomemos la iniciativa y pidamos una valoración, menos estresante se vuelve. Yendo más allá, si pedimos una valoración honesta, generosa o incluso negativa ("vamos, dímelo a la cara"), los estudios muestran que tenemos una mayor probabilidad de conseguir una satisfacción personal y una habilidad para adaptarnos más rápidamente a nuevos roles y responsabilidades.

Antes de pedir una valoración, pregúntate qué tipo de valoración estás buscando. ¿Estás buscando apreciación, evaluación de un proyecto o a un mentor o alguien dispuesto a ayudarte? No dudes al hacer preguntas directas sobre tu papel; de hecho, ser específico y hacer solicitudes tipo "¿qué hago para mejorar en esta área?", o "¿cómo podría haber manejado esto de manera diferente?" atraviesa las nubes de incertidumbre y va directo a algo real y útil.

No temas pedir una valoración demasiado pronto. De hecho, así como el profesor no debería esperar para dar una valoración hasta días después de que es útil, tampoco debemos retrasar el conseguirla. Pide una valoración lo más cercana al tiempo real posible.

. . .

Finalmente, amplía tu grupo de respondedores.

Mientras solicites una valoración a más amigos, colegas o conexiones en línea, mayor será la probabilidad de que seas capaz de formar una respuesta realmente objetiva a partir de una multitud de perspectivas. Si hay algo en lo que todo el mundo está de acuerdo, ¡es querer que sus opiniones sean escuchadas!

A menudo pensamos en los profesores en términos elevados; lo que es justo, ya que la educación es una profesión noble, pero los mejores profesores te dirían que aprenden casi tanto de sus estudiantes como los estudiantes aprenden de ellos. Enseñar significa trabajar con una multitud de personalidades, analizar problemas y entender a través de la empatía. Los descubrimientos que haces a través de ese proceso pueden ser tan profundos como cualquiera que aprenderás como estudiante. Incluso si no planeas convertirte en un educador, los beneficios de pensar como uno son igual de accesibles para ti.

Procesamiento profundo de la información

. . .

Mientras más participemos e interactuemos con datos, mejor los entenderemos y mejor los recordaremos. El procesamiento profundo de información se trata de asegurar que tenemos más que una simple conexión superficial con la nueva información que queremos dominar y podemos mover nos de manera efectiva hacia el entendimiento.

Considera el siguiente ejemplo: alguien te da una lista de artículos aleatorios y te pide que la leas y trates de recordar tantos ar tículos como puedas.

Ahora, imagina que la misma lista es ofrecida nuevamente, pero esta vez cada artículo forma parte de una historia, con un comienzo y final, y con cada artículo jugando un papel en particular. ¿En cuál situación crees que serás capaz de recordar más? Obviamente en la segunda, donde se te cuenta una historia sobre los artículos.

Un estudio explica por qué: cuando se trata de la memoria y la recuperación de datos, el cerebro favorece las "operaciones semánticas" por encima de las "operaciones superficiales"; lo que simplemente quiere decir que recordamos mejor la información y la entendemos más cuando dicha información tiene un significado atado. Los neurocientíficos han investigado las maneras en las que los nuevos datos son "codificados" en el cerebro.

Cuando tratas de almacenar información aleatoria o neutral en base a su estructura y características y nada más (por ejemplo, tratar de memorizar una cadena aleatoria de letras), la memoria no está codificada tan profundamente como cuando la procesas de una manera más significativa (por ejemplo, aprender no solo la cadena de letras, sino letras que forman palabras que realmente signifiquen algo para ti).

Al ver imágenes del cerebro durante diferentes tipos de aprendizaje, los neurocientíficos han descubierto que existen de hecho diferentes niveles de entendimiento, y los más profundos son los más efectivos. Esto significa que cuando aprendes bien, en realidad estás captando un sistema cognitivo completamente diferente e incluso diferentes regiones del cerebro.

¿Alguna vez has estado estudiando y sentido que la información "entra por un oído y sale por el otro"? Bueno, esto podría ser precisamente lo que estaba pasando; la codificación superficial estaba fallando al solidificar el aprendizaje en tu cerebro.

Sin un entendimiento más profundo del significado de los datos, los datos "no quedaron".

Entonces, el aprendizaje (y especialmente la memoria) no se trata tanto sobre cómo recuperas y recuerdas datos, sino cómo los codificas y almacenas en tu cerebro al encontrarlos en primer lugar. Generalmente, el conocimiento nuevo que está conectado con información que ya posees "se queda" con más frecuencia; y también el conocimiento que se conecta a otro conocimiento; como de manera narrativa o secuencial.

Mientras más partes de tu cerebro interactúen con los nuevos datos, más meticulosamente serán codificados esos datos. Por ejemplo, cuando prestas atención a una escena con los cinco sentidos, y también participas con tu respuesta emocional, es más probable que la recuerdes. De manera similar, cuando puedes entender la aplicación práctica de los nuevos datos y su significado, es naturalmente más fácil acceder a ellos en tu cerebro luego que si fueran datos aleatorios que realmente no entendiste tan bien.

Para dominar el procesamiento profundo de información, debes entender y usar la metacognición. En esencia, todo este libro es un ejercicio de metacognición, lo cual es simplemente el acto de pensar sobre tu propio pensamiento.

Mirando de cerca, la metacognición es descrita de manera más precisa como una autorregulación cognitiva. Es nuestra habilidad no solo para estar conscientes de cómo estamos pensando, sino de entender y controlar nuestros métodos de aprendizaje de acuerdo a nuestros propios objetivos.

Si puedes ver datos con un entendimiento de cómo y por qué los procesas de la manera en que lo haces, entonces tienes algo de alcance para cambiar y darle forma a ese proceso; te vuelves un participante activo en tu propio aprendizaje. Te sientes con más confianza a cargo de tu aprendizaje, tienes una mejor idea de a dónde vas y por qué, y puedes evaluar tu progreso y hacer ajustes en el camino. En esencia, te vuelves tu propio profesor.

. . .

Veamos más de cerca. La metacognición es realmente un proceso dividido en dos. Primero, tratas de observar y entender lo que tu cerebro está haciendo. Segundo, tratas de controlar, regular y darle forma a lo que tu cerebro está haciendo. Como puedes ver, no puedes hacer lo segundo sin lo primero; para hacer cambios, necesitamos un entendimiento amplio de lo que estamos cambiando. La autorregulación siempre comienza con el autoconocimiento.

Parte 1: aprender sobre el aprendizaje. ¿Qué influye en tu experiencia de aprendizaje? ¿Qué estrategias existen para el aprendizaje y cuáles son las mejores para situaciones específicas? ¿Cómo aprender de manera única? ¿Cuáles son tus fortalezas y debilidades?

Parte 2: regula tu aprendizaje. ¿Cuáles son tus metas más amplias? ¿Cómo puedes lograrlas? ¿Qué planes puedes hacer, dado lo que ya sabes sobre ti mismo? ¿Qué estrategias estás usando y que tan bien están funcionando? ¿Puedes hacer ajustes para hacerlo mejor?

En el aprendizaje profundo, pasamos por un ciclo continuo entre la parte uno y la parte dos. A medida que aprendemos cómo pensamos, ideamos maneras para regular ese pensamiento, y a medida que observamos los efectos de esa regulación, nuestro aprendizaje y pensamiento se expanden y cambian, y comenzamos nuevamente con algo fresco para observar y regular.

La metacognición es como acercar y alejar el zoom, alternando entre dos modos: pensar y la observación de ese pensamiento. Primero pensamos, luego nos alejamos y nos observamos a nosotros mismos pensando, tratamos de entender el proceso e interpretamos lo que vemos. Hacemos zoom nuevamente y repetimos. Es como si tuviéramos no una mente, sino dos; una mente que trabaja en el mundo de los datos y otra mente que mira y regula la primera mente, y observa no los datos, sino la manera en que los datos son procesados.

Suena complicado, pero probablemente hagas uso de la metacognición más a menudo de lo que crees. Un par de ejemplos harán que el concepto esté más claro. Digamos que estás enfrentando algún curso complicado que es el límite de tu entendimiento.

Te detienes cada cierto tiempo para notar algo interesante: que cada vez que encuentras un diagrama en el libro de texto, te atrae y lo estudias de cerca, mientras que te aburres con los sólidos párrafos de texto alrededor.

Te das cuenta de tu propia atención, es decir: metacognición.

Te preguntas si tendrías un rato más fácil si más del material estuviese en forma de diagrama. Así que buscas estos diagramas o haces los tuyos (cognición) y luego revisas lo bien que estás reteniendo y entendiendo el material (metacognición). Con estos dos procesos, no solo mejoras al entender el material que tienes frente a ti, sino que te vuelves experto al manejar tu propio proceso de pensamiento, ¡la principal de las habilidades transferibles!

Mientras que la metacognición se trata de hacerte preguntas de ti mismo (p. ej., cómo piensas), también podemos hacer preguntas del contenido como tal. Un famoso físico afirma que "lo que vemos no es la naturaleza como tal, si la naturaleza expuesta a nuestro método de hacer preguntas". Él entendió que las preguntas están en la raíz de todo el entendimiento y aprendizaje profundos.

. . .

Es un cambio en la perspectiva, ver el aprendizaje como una búsqueda de mejores preguntas y no mejores respuestas. Pero, este cambio de perspectiva te motiva a aprender en un nivel más profundo.

Te recuerda que avanzamos en conocimiento cuando participamos directamente con lo desconocido, en lugar de trabajar de ma nera prematura a partir de suposiciones y conocimientos almacenados. La calidad de nuestras preguntas determina la calidad de nuestras respuestas, lo cual es más o menos de lo que trata el aprendizaje.

Sí, sé que tus profesores te dijeron que "no hay tal cosa como una mala pregunta". Aunque es cierto que ser ignorante y pedir una explicación nunca es algo por lo que estar avergonzado, algunas preguntas en serio son mejores que otras. Digamos que eres un naturalista caminando un día y te encuentras con una flor misteriosa. Podrías simplemente preguntarle a un amigo conocedor qué es la planta y eso estaría bien, ya que te daría una respuesta y luego tú tendrías un nuevo conocimiento.

Pero, es un proceso completamente diferente cuando comienza con las preguntas. ¿Qué puedes ver frente a ti?

¿Cómo se parece esta planta a otras que conoces? ¿Cuáles son sus características? ¿Qué sabes de esta área y el lugar donde está creciendo la planta, y qué te dice del tipo de planta que es? ¿Qué hay de la temporada y las plantas creciendo alrededor? Incluso si tu amigo te dijo qué planta era, podrías haber ido más allá y preguntar ¿cómo lo sabe? ¿Cómo distingue esta planta de una muy similar?

Tener respuestas es una situación fija y estática. Sin embargo, si el juego cambia, nuestras respuestas podrían ya no servir.

Y si no entendemos realmente por qué tenemos esas respuestas o su significado, nuestro entendimiento de ese conocimiento es poco convincente. De hecho, estamos en una mejor posición cuando sabemos poco, pero estamos equipados con las herramientas para entender, indagar y analizar. Es más fácil entonces encontrar nuevas respuestas si es necesario.

¿Qué hace una buena pregunta?

Una buena pregunta es como una herramienta; te ayuda a hacer cosas o tomar acción. Amplía tu alcance y tu entendimiento. Una buena pregunta abre ideas para ti para que puedas ver qué hay dentro. Una buena pregunta hace que el pensamiento fluya, se mueva, se expanda y, con suerte, llegue a una respuesta esclarecedora. Una mala pregunta solo reprime el pensamiento, apaga tu mente o te envía por un camino irrelevante.

En un aula de clases, un profesor usa cuidadosamente solo las preguntas correctas en el momento correcto para estimular el proceso de aprendizaje de los estudiantes. Las preguntas guían su entendimiento, desafiándolos y enfocando su conocimiento en las cosas que todavía tienen que entender. Captan el problema de adentro hacia afuera, ven por qué todo se une de la manera en que lo hace. Cuando estás aprendiendo por tu cuenta, es tu trabajo actuar con este papel de enseñanza contigo mismo, usando preguntas para facilitar y darle forma a tu proceso de aprendizaje.

¿Recuerdas estar en la escuela y tener al profesor haciendo una pregunta rara, solo para que la clase se sentará y tratara de adivinar lo que dicho profesor estaba pensando, preocupado de que dijeran algo es túpido? Estas preguntas eran malas preguntas, porque pusieron el conocimiento lejos de entender el contenido, y en las cosas que no importaban, por ejemplo, la vergüenza de estar "equivocado".

Cuando te haces preguntas a ti mismo mientras aprendes, debes asegurarte de no hacer algo por inercia como hacían estos profesores. Tus preguntas, siendo herramientas, deben tener una función, o de otro modo sólo entorpecerán el camino o peor, impedirán activamente tu entendimiento.

Recuerda, tu pregunta no está allí simplemente para darte la "respuesta correcta", sino para inspirar tu aprendizaje y entendimiento. Debe guiarte en lugar de forzarte. Es una herramienta que permite la meta cognición; así que, si sientes que tu pensamiento se está encogiendo en lugar de expandirse, no es la pregunta correcta. No quieres perder mucho tiempo en la formación o en responder estas preguntas; más bien, estás viendo a donde señala la pregunta. Si no está señalando nada más allá de ella misma, no es una gran pregunta.

Olvídate de cualquier línea de meta a la que te tienes prisa por llegar; olvídate del juicio y de estar bien o mal; olvídate de reducir cosas a un puñado de conceptos sencillos. Pon todo eso a un lado y solo mira lo que está frente a ti con la curiosidad de un científico. Una pregunta podría inspirar otra, síguela con interés y mira qué más abre esa pregunta para ti.

Mientras te haces preguntas a ti mismo, estás participando en un tipo de diálogo personal socrático, desarrollando tu propio conocimiento con palabras clave creadas internamente. Reformula ideas, dale vueltas en tu cerebro y permítete reflexionar.

No des nada por hecho. Sigue preguntando por qué, y no tengas miedo a ver tus propias preguntas como el tema de consulta. Imagina, al inicio, que apenas estás conociendo el problema, como conociendo a una persona, y simplemente estás en un juego en lugar de un trabajo serio para llegar a una respuesta lo más rápido posible.

Una indagación más profunda

Hazte preguntas antes, durante y después de tu proceso de aprendizaje. Crea un andamio de preguntas a tu alrededor para que el conocimiento pueda ser construido sobre una base sólida.

. . .

El método PQ4R

Terminemos este capítulo del libro con una mirada a un método común diseñado para ayudar a las personas a mejorar su habilidad básica de comprensión lectora, mejorar su memoria y salir mejor en exámenes. Aunque esta técnica fue originalmente usada por aquellos padeciendo dislexia y otros desafíos de aprendizaje, es igual de útil para todos los tipos de personas que quieran una manera más estructurada y eficiente de abordar su lectura al aprender.

Puede mejorar tu comprensión en general y te permite desarrollar un entendimiento más sofisticado y rico de lo que lees y absorbes.

Las siglas PQ4R significan: anticipar (pre view), preguntar (question), leer (read), reflexionar (reflect), repetir (recite) y revisar (review).

Echemos un vistazo más de cerca a cada paso. Primero, anticipar es bastante parecido al primer paso en otros acercamientos que hemos explorado, en que se trata de leer por encima y escanear títulos, encabezados y posiblemente imágenes importantes, ilustraciones y otros datos como tablas.

. . .

No te sumerges de inmediato, pero consi gues una idea al ver la estructura general de la pieza frente a ti y tratar de captar el tema. Si lees una historia que principalmente gira en torno a la investigación de un científico en particular, por ejemplo, podrías ser capaz de mirar por encima y ver sus objetivos, los métodos y las conclusiones a las que llegó, de una manera muy general.

Mira no solo el tema principal, sino también el lenguaje que es usado, el autor de la pieza, y su contexto y motivación para escribir lo que escribió. Nota incluso, si puedes, las cosas que de manera deliberada no son mencionadas y por qué. Puedes hacer uso del siguiente método:

- Al leer el título, busca cuál es el tema principal, ¿cómo se conecta a capítulos o piezas previas y subsecuentes, y a tu estudio en general? ¿Y dice algo sobre la posición del autor?
- Lee el párrafo de apertura y hazte un par de preguntas; preguntas con las que puedes prepararte y responder mientras lees.
- Al llegar a la introducción, lee cualquier sección inicial o resumen en cursiva o párrafos de la introducción y haz una pausa para ver lo

que ya sabes y las posibles brechas que hay en tu entendimiento. Para regresar a nuestro ejemplo, quizás sabes un poco sobre los enormes cambios ocurriendo en la industria agricultora en otros países, pero no en India específicamente.

- Observa cada primera oración en un párrafo y mira si puedes comenzar a captar el argumento general o estructura lógica de toda la pieza. Podrías darte cuenta que las piezas comienzan con un poco de trasfondo e historia, luego se mueve a una anécdota de un pueblo en particular en India, luego habla de alguna nueva legislatura y actual controversia, finalmente termina con alguna evidencia que apoya la posición del autor; que los desarrollos son una mala idea en general, por decir algo.
- Echa un vistazo a los elementos visuales y vocabulario, imágenes, fotos, diagramas, tablas, infografías, mapas, gráficos y demás. Lee sus leyendas y mira de cerca por qué el autor ha escogido estos elementos y lo que implican en el panorama completo. Para entonces, probablemente también te diste cuenta de un tipo de vocabulario y un estilo de escribir particulares. ¿Es esto formal o informal? ¿Lleno de jergas? ¿Escrito en primera persona? ¿Voz pasiva? Considera el

efecto que el lenguaje tiene en tu entendimiento de la pieza en general. Busca cualquier sección en negrita o cursiva, o cualquier definición o sumario y trata de ver por qué ha habido énfasis en ello.

- Antes de leer cuidadosamente toda la pieza, enfócate en cualquier pregunta asociada con ella, sea como en un ejercicio o prueba. Si mantienes estas preguntas en mente, puedes impulsarte a enfocar tu lectura de manera más directa sobre ciertas preguntas. Si tienes un ensayo, por ejemplo, que te pide que escribas 1000 palabras sobre los pros y contras de la legislación señalada en la pieza, puedes comenzar a leer el material buscando específicamente las ventajas y desventajas, sea resaltando o tomando notas a medida que avanzas.
- Finalmente, si hay un resumen o conclusión final, léelo para completar un entendimiento del tema como un todo. Haz una revisión contigo mismo para ver lo que entiendes al final, dados todos los pasos anteriores.

Ahora bien, esto podría parecer un proceso extremadamente largo y complicado para solo el primer paso de anticipar, pero la verdad es que este y otros métodos pueden llevarse a cabo en cuestión de minutos. Cuando tienes el hábito de abordar nueva información con un plan predeterminado, puedes descubrir que de hecho te mueves a través del material con mayor rapidez.

Conclusión

Como hemos leído a lo largo de todo el libro la enseñanza es algo verdaderamente complejo, hay muchas opciones para poder hacerlo, pero es difícil porque cada persona aprende diferente, por lo que tus métodos deben irse acoplando y cambiando dependiendo de a quién le estés enseñando.

También como hemos visto es de vital importancia el entender como aprende la gente, como dije anteriormente todo va de la mano, te puedes apoyar de las diferentes técnicas que hay para cada cosa. Y lo más importante es nunca rendirnos a la hora de aprender y de enseñar, si nos concentramos vamos a poder encontrar la mejor manera para poder hacerlo. Y como lo hablamos en uno de los capítulos, los fracasos nos son clave para que aprendamos si los sabemos ver de la perspectiva

Conclusión

correcta y si sabemos analizar cada situación que estemos teniendo.

De igual manera me gustaría pedirte que si eres padre y tienes un hijo al que le cuesta trabajo la escuela o aprender, no lo presiones, mejor ayúdalo a encontrar la mejor forma para que pueda lograr los objetivos que se proponga. Como lo dije en un principio yo era una persona a la cual le costaba mucho aprender y hasta que llegué a la universidad pude lograr entender las cosas, así que solo es cuestión de tiempo, no te preocupes por ello, mejor enséñales que aprender es divertido y se puede hacer de mil maneras.

www.ingramcontent.com/pod-product-compliance
Lightning Source LLC
Chambersburg PA
CBHW072018070526
44583CB00015B/1526